TRAVELING IN PHAAISTOS

By

ASTERIOS TSINTSIFOS

MASTERPIECE OF PHAESTOS

ΑΡΙΣΤΟΥΡΓΗΜΑ ΤΗΣ ΦΑΙΣΤΟΥ

ASTERIOS TSINTSIFOS

ΑΦΙΕΡΩΜΕΝΟ

Στο Δίκαιο, τον Σεβασμό, την Τιμή και τις

Αρετές εκείνες που στο ΦΩΣ οδηγούν.

Στις ελεύθερες και αθάνατες ψυχές,

που τον δρόμο ακολούθησαν και στο έπαθλο

έφτασαν.

DEDICATED

To Righteousness, Respect, Honor

and those virtues that lead to the LIGHT.

To the free and immortal souls

who followed the way and reached the prize.

ΕΙΣΑΓΩΓΗ

Θα θυμάμαι για πάντα το συναίσθημα, όταν πρώτη φορά στις 10/ 11/2018 κοίταξα πραγματικά τον Δίσκο της Φαιστού. Παιχνίδι της μοίρας μπορώ μόνο να ονομάσω την συγκυρία, που με οδήγησε σε εκδήλωση αναφορικά με τον Δίσκο, εκείνο το βράδυ Σαββάτου στις Σέρρες. Ενώ τα μάτια μου έμειναν καρφωμένα στον Δίσκο, το μυαλό μου έτρεχε σε δικές του κατευθύνσεις και έτσι καθόλου δεν άκουγα τον ομιλητή της εκδήλωσης. Μου ήταν, λόγω των συμβόλων που είχε πάνω του ο Δίσκος, εξαιρετικά γνώριμος και αυτό γιατί τα περισσότερα σύμβολα τα είχα ξαναδεί αλλού. Δεν τα είχα δει μόνο, αλλά και τα είχα ερμηνεύσει σε μια διαδικασία που κράτησε δεκαετίες. Υπήρχαν τα σύμβολα διάσπαρτα σε νομίσματα του αρχαίου κόσμου και το κάθε σύμβολο από αυτά είχε την δική του ξεχωριστή ερμηνεία.

 -  /  -  /  - 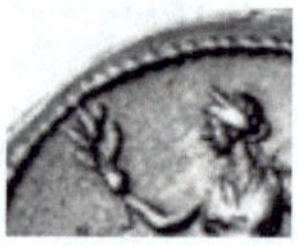 /  - 

Το ίδιο βράδυ κατάλαβα κιόλας, ότι τα βασικά θεολογικά σύμβολα και όχι μόνο, όπως τα ήξερα από την κλασική αρχαιότητα, ήταν διαχρονικά και άρα δεν προέκυψαν από παρθενογένεση. Ακολουθούσαν αντίστροφη πορεία και έφταναν έως τα Μινωικά χρόνια του Δίσκου της Φαιστού.

Κανένας δεν θα μπορούσε λοιπόν να προχωρήσει στην αποκωδικοποίηση αυτής της γραφής και στην ερμηνεία του Δίσκου, αν προηγουμένως στην πραγματική έννοια του όρου, δεν ήταν άριστος νομισματολόγος. Γι αυτόν το θέμα θα ήταν διαδικαστικό και γρήγορο. Τα μεμονωμένα μονογράμματα και ιδεογράμματα που άφθονα υπάρχουν στα νομίσματα, θα μπορούσαν σε σειρά να συνθέσουν κείμενο. Έτσι και έγινε. Την άλλη μέρα πραγματικά, στις 11 – 11 – 2018, η ερμηνεία του Δίσκου ήταν γεγονός. ΠΡΟΣΟΧΗ όμως. Οι δεκαετίες έρευνας χρειάστηκαν και όχι η μία ημέρα που απλά έδωσε την εφαρμογή.

Η ΠΡΟΦΗΤΕΙΑ: Χωρίς αμφιβολία, υπέρτατο είναι το γεγονός της ερμηνείας του δίσκου, που όμως εμπεριέχει ένα παράξενο γεγονός! Συνέβη το 2004 και επρόκειτο για μια προφητεία ότι εγώ σε κάποιον μελλοντικό χρόνο, θα ερμήνευα την γραφή και τον ύμνο! Βρέθηκα λοιπόν το 2004 στη Γερμανία σε προσωρινή μόνιμη κατοίκηση και αγόρασα ένα αυτοκίνητο.

INTRODUCTION

I will remember forever the feeling, when for the first time on 10/11/2018 (November 10th 2018) I really looked at the Disc of Phaestus. A game of destiny, I can only name this coincidence , that led me to an event about the Disc that Saturday night in the city of Serres. While my eyes stayed fixed on the Disc, my mind raced in its own paths and thus I entirely didn't listen to the event speaker. It was to me -because of the symbols that the Disc had on it- extremely familiar and this was so, because most of these symbols I had seen somewhere else. Not only have I seen them, but I had deciphered them in a process that had lasted for decades. They (the symbols) had existed scattered on coins of the ancient world and each symbol had its own distinct meaning.

That same night, I realized that the basic theological symbols and not just these, as I knew them from Classical antiquity, were timeless and thus had not just been a product of parthenogenesis. They followed a reverse route and reached as far back as the Minoan times of the Disc of Phaestus.

No one could therefore proceed in decoding this writing and deciphering the Disc, without first literally being a master nomismatologist. For him the matter would be procedural and brief. The isolated monograms and ideograms that plentifully exist on the coins, could -being lined up- form a text. This actually happened. Literally the next day, on 11/11/2018, the decipherment of the Disc was a fact. CAUTION though. The preceeding decades of research were necessary and not just that single day that simply produced the application.

THE PROPHECY: Without a doubt, supreme is the event of the interpretation of the Disk, which event contains a strange occurrence nonetheless! It happened in 2004 and it's about a prophecy according to which I, in a future time, would decipher the scripture (the symbols on the Disc) and the hymn! I found myself in Germany in a temporary stay and I bought a car.

Το απέκτησα με τις πινακίδες που είχε και το κράτησα έως το 2007. Για λόγους που ποτέ δεν κατάλαβα, κράτησα τις πινακίδες του για ενθύμιο

Όταν ερμήνευσα τον δίσκο, θέλησα να μάθω περισσότερα γι αυτόν και είδα ότι ανακαλύφθηκε το 1908, που μέχρι εκείνη τη στιγμή απείχε 111 χρόνια! Αμέσως λόγω του χαρακτηριστικού αριθμού, το μυαλό μου πήγε στην πινακίδα! Την έφερα εμπρός μου και τότε έζησα την μεγαλύτερη έκπληξη της ζωής μου. Απαριθμώ λοιπόν:

D – Δίσκος

 12 στίχους μπρος πίσω έχει στην περιφέρεια ο δίσκος

 ΗΛΙΟΣ

G – Γαία / R – Ρέα / Z – Ζαγρέας / B – Βισαλτία / E – Εκάτη Οι πρωταγωνιστές στον ύμνο του δίσκου, αλλά και σε τούτο το βιβλίο!

111 χρόνια έως την ερμηνεία (1908 – 2018)

11 + 11 X 11 = 242 που είναι όλα τα σύμβολα του δίσκου! Μαζί με τους άσσους που σημειώνονται στον ΗΛΙΟ! Ακόμα, 11 – 11 – 2018(11) ερμηνεύτηκε ο δίσκος!

07 στο κέντρο του ΗΛΙΟΥ. Αφορά εμένα, αφού γεννήθηκα 3 – 4 (7) και το 2007 ήταν χρονιά Αναγέννησης για μένα……..

Κάποιοι λοιπόν ήξεραν νωρίτερα, αφού αυτοί μέσα από εμένα μεθόδευσαν την ερμηνεία του δίσκου, αλλά και την συγγραφή αυτού του βιβλίου! Όλα τα στοιχεία της πινακίδας χωρίς εξαίρεση, έχουν κοινή κατεύθυνση και ξεπερνούν κατά πολύ τα όρια της σύμπτωσης. Η λέξη αυτή παραπέμπει στο τυχαίο και είναι αντίθετη με την νομοτέλεια του πεπρωμένου! Είναι η λέξη που μπλοκάρει κάθε προσπάθεια αφύπνισης και απόδρασης των ανθρώπων από τα βάσανα!

Μόνο η λέξη «ΑΡΙΣΤΟΥΡΓΗΜΑ» είναι ικανή να περιγράψει, όχι μόνο αυτόν καθ΄ αυτόν τον ύμνο, αλλά και την εναρμόνισή του σε παράξενα αριθμητικά δεδομένα. Έπρεπε με άλλα λόγια, η δομή του ύμνου να υποκρύπτει και ένα αριθμητικό κείμενο, ανερμήνευτο επί του παρόντος. Κάποιος όμως τότε, κατάφερε και έκανε το αδύνατο

I bought it with the existing license plates and kept this car till 2007. For reasons that I never understood, I kept the license plates as a souvenir.

When I deciphered the Disc, I wanted to learn more about it and found out that the Disc was discovered in 1908, a date that was exactly 111 years distant from the then present year (2018)! Immediately because of the characteristic number (111), my mind remembered my souvenir license plate! I brought the license plate in front of me and I witnessed the greatest surprise of my life. I analyze below the data on the license plate:
D – Disc

 12 verses back and forth has on its circumference the Disc

 SUN

G – GAIA / R – RHEA / Z – ZAGREAS / B – BISALTIA / E – HEKATE. These are the protagonists in the hymn on the Disc, as well as in this book!

111 years till the decipherment of the Disc (1908-2018)

11 + 11 X 11 = 242. This is the total number of symbols on the Disc! Together with the aces that are marked on the SUN! Also, 11-11-2018 (11) the Disc was deciphered!

07 in the center of the SUN. This is about me, since I was born 3-4 (7) (April 3 rd) and the year 2007 was the year of my Rebirth...

Somebody then knew early on, since they -through me- orchestrated the decipherment of the Disc as well as the writing of this book! All the data on the license plate without exception, have a common direction and far surpass the limits of coincidence. This word (coincidence) refers to the incidental and is opposite to the legality of Fate! This is the word that blocks any effort of awakening and escape for humans from their torments!

Only the word MASTERPIECE is capable of describing not only the hymn itself, but the adherence of the Disc to strange arithmetical data. In other words, the structure of the hymn had to conceal an arithmetical text as well, undeciphered as of yet. Someone though made the impossible

ΔΥΝΑΤΟ, σε ένα μεγαλοφυές όπως δείχνει αριστούργημα. Πραγματική του πρόθεση ήταν να καταγράψει συμπαντικούς κανόνες, να χαρτογραφήσει, να ορίσει την ανθρώπινη ύπαρξη στο πεπρωμένο και όλα αυτά σε ένα κείμενο αριθμών. Όσον αφορά τον ύμνο και στα πλαίσια της γιορτής των ψαράδων που αναφέρεται, σκιαγράφησε όλη την πραγματικότητα της κοινωνίας των Μινωιτών.

ΕΞΩΤΕΡΙΚΑ ΓΝΩΡΙΣΜΑΤΑ ΤΟΥ ΔΙΣΚΟΥ

ΣΠΕΙΡΟΕΙΔΗΣ και ΟΥΡΑΝΙΟΣ: Μπορεί άνετα να θεωρηθεί ο δίσκος, ως πρόγονος του Ιωνικού κιονόκρανου. Έχοντας τον ΗΛΙΟ στο κέντρο του ο δίσκος, ξετυλίγει την γραφή του σε σπείρα που φτάνει μέχρι την περιφέρεια. Ο δίσκος δηλαδή είναι ΟΥΡΑΝΙΟΣ, όπως είναι και το κιονόκρανο. Την πεποίθηση αυτή μας την δίνουν οι ίδιοι οι αρχαίοι, με τους συμβολισμούς που απέδιδαν επάνω. Συμβολίζει το φυσικό περιβάλλον μας, όπως ο ΟΡΦΕΑΣ στον ύμνο του για τη θεά ΦΥΣΗ αποκαλύπτει:

«.... Είσαι συνετή, κινείσαι σαν γρήγορο ρεύμα με αδιάκοπο ΣΤΡΟΒΙΛΙΣΜΟ. Ρέεις από παντού, κινείσαι κυκλικά και συνέχεια αλλάζεις μορφή...........».

Και αυτό μέσα στην απεραντοσύνη του διαστήματος, αφού και ο γαλαξίας μας είναι σπειροειδής. Συμβολίζει τη συνέχεια του χρόνου, τον περιστρεφόμενο ουρανό και μέσα σ αυτόν την πορεία του ΗΛΙΟΥ. Με τη σπείρα που γενικότερα προκαλεί δύνη, εκφράζονται όλες οι δυνάμεις της τετρακτύος! Οι ανεμοστρόβιλοι, τα κελύφη μαλακίων, τα δακτυλικά αποτυπώματα, ακόμα και το μόριο του DNA, έχουν μορφή σπείρας! Η ουράνια βέβαια κατασκευή του δίσκου, προκύπτει αργότερα και από το περιεχόμενο του ύμνου, στον οποίο17 φορές γίνεται επίκληση στον ΟΥΡΑΝΟ!

ΕΝΟΤΗΤΕΣ ΤΟΥ ΔΙΣΚΟΥ: Στον πίνακα παρακάτω, αναλυτικά οι 10 ενότητες του δίσκου, με τη θεματολογία τους και τον αριθμό των συμβόλων που εμπεριέχουν.

1η 2 Χ 11 = 22 σύμβολα ΕΠΙΚΛΗΣΕΙΣ σε ΗΛΙΟ και ΡΕΑ

2η 2 Χ 9 = 18 σύμβολα ΕΠΙΚΛΗΣΕΙΣ σε ΖΑΓΡΕΑ και ΔΙΑ

3η 3 Χ 11 = 33 σύμβολα ΙΕΡΟΤΕΣΤΙΕΣ - ΠΡΟΣΤΑΣΙΑ

4η 2 Χ 12 = 24 σύμβολα ΠΑΡΑΚΛΗΣΕΙΣ - ΠΡΟΣΤΑΣΙΑ

POSSIBLE, in a BRILLIANT MASTERPIECE! His real intention was, to write down universal rules, to map out, to define the human existence within destiny and all these in a text of NUMBERS! Regarding the hymn and within the framework of the feast of the FISHERMEN, he traced out the entire reality of the Minoan society!

EXTERNAL FEATURES OF THE DISC

SPIRAL and CELESTIAL: It may easily be assumed that the Disc is the predecessor of the Ionic capital! Having the SUN in its center the Disc unravels its text in a spiral, that reaches out to its circumference. Therefore the Disc is celestial, as the capital (in the Ionic order column) is celestial too. This belief the ancients themselves provide us with the symbolisms they attributed to the spiral. It symbolizes our natural environment , as Orpheus in his hymn to the goddess Nature reveals:

"...you are prudent, moving like a fast brook with a continuous SWIRLING. You flow from everywhere, moving in a circle and always shifting shape .....".

And this in the infiniteness of the universe, since our galaxy is spiral! It symbolizes the continuity of time, the rotating sky and within this the course of the SUN. With the spiral that causes din in general, all the powers of the tetractys are expressed! The whirlwinds, the mollusk shells, the human fingerprints, even the DNA molecule have the shape of a spiral. Certainly, the celestial structure of the Disc results even later from the content of the hymn, in which there I an invocation to the SKY 17 times.

CHAPTERS OF THE DISC: In the following table are presented analytically the 10 chapters of the Disc with their subjects and the number of symbols they contain.

1 - 2 X 11 = 22 symbols INVOCATIONS to the SUN and RHEA

2 - 2 X 9 = 18 symbols INVOCATIONS to ZAGREUS and ZEUS

3 - 3 X 11 = 33 symbols RITES - PROTECTION

4 - 2 X 12 = 24 symbols PRAYERS - PROTECTION

5η 2 Χ 13 = 26 σύμβολα ΕΠΙΛΟΓΟΣ Α΄- ΕΙΣΑΓΩΓΗ Β΄

6η 2 Χ 14 = 28 σύμβολα περί ΑΦΘΟΝΙΑΣ

7η 2 Χ 11 = 22 σύμβολα περί ΓΕΝΝΑΙΟΔΩΡΙΑΣ

8η 2 Χ 12 = 24 σύμβολα ΙΕΡΟΤΕΛΕΣΤΙΕΣ

9η 3 Χ 7 = 21 σύμβολα ΠΑΡΑΚΛΗΣΕΙΣ

10η 2 Χ 12 = 24 σύμβολα ΕΠΙΛΟΓΟΣ

Μοιάζει ο ύμνος με ανοικτό παράθυρο σε ένα άγνωστο παρελθόν, στο οποίο τα «άρρητα» γίνονται συγκεκριμένα. Περιγράφεται ο ΤΡΙΑΔΙΚΟΣ ΘΕΟΣ της βόρειας λατρείας των ΚΑΒΕΙΡΙΩΝ, δηλώνοντας έτσι την Πελασγική καταγωγή των Μινωιτών. Βάζει τέρμα σε όλες τις άλλες θεωρίες περί προέλευσης αυτών και τακτοποιεί κατά τον καλύτερο τρόπο την θεολογία των αρχαίων σε όλες τις μετέπειτα περιόδους.

ΠΕΛΑΣΓΩΝ ΤΟΠΟΣ

Κατά την Ελληνική μυθολογία, ο πρώτος άνθρωπος που ξεπήδησε από την γη ήταν ο ΠΕΛΑΣΓΟΣ και μπορεί επομένως έτσι, να λογαριάζεται ως γενάρχης των ανθρώπων! Ο Αισχύλος στην τραγωδία του ΙΚΕΤΙΔΕΣ, προσδιορίζει το βασίλειο του Πελασγού στον Στρυμόνα ποταμό στη ΜΑΚΕΔΟΝΙΑ! Άλλωστε, μια απλή ματιά στη συμβατή ιστορία, φτάνει για να διαπιστώσουμε την εξάπλωση και την Πελασγική καταγωγή όλων των Ελλήνων.....!

Ο μύθος του Πελασγού ακόμα, μας ενημερώνει ότι αυτός δίδαξε τους ανθρώπους να επεξεργάζονται τα δέρματα και να φτιάχνουν ρούχα (*Και εποίησε Κύριος ο θεός τω Αδάμ και τη γυναικί αυτού χιτώνας δερματίνους και ενέδυσεν αυτούς.* Γεν. 3,21)! Κατά κάποιον τρόπο εδώ, τη θέση του Θεού παίρνει ο Πελασγός και δικαιολογεί τον ρόλο του πρώτου ανθρώπου (πρωτόπλαστος;)!

Σταχυολογώντας αλήθειες από πηγές, ανακαλύπτουμε σύμφωνα με αρχαίους συγγραφείς, ότι οι Πελασγοί προϋπήρχαν των γνωστών Ελληνικών φύλων (Αχαιοί, Δωριείς, Αιολείς, Ίωνες κλπ). Τους τοποθετούν στο χώρο της Μεσογειακής λεκάνης, μαζί με Κάρες και Λέλεγες, που όμως κι αυτοί ήταν Πελασγικά φύλα! «*Διακυμαινόμενος καθ΄ άπασαν έκτασιν, ουχί μόνον της Ελλάδος, αλλά και της Ιλλυρίας, Ιταλίας, των πλησιοχώρων αυτής τόπον, της Μικράς Ασίας, των νήσων του Αιγαίου……*» γράφεται!

5 - 2 X 13 = 26 symbols EPILOGUE A – INTRODUCTION B

6 - 2 X 14 = 28 symbols On ABUNDANCE

7 - 2 X 11 = 22 symbols On GENEROSITY

8 - 2 X 12 = 24 symbols RITES

9 - 3 X 7 = 21 symbols PRAYERS

10 - 2 X 12 = 24 symbols EPILOGUE

The hymn resembles an open window to an unknown past, in which the "unspoken" become specific! The "TRIADIC GOD" of the northern worship of the KABEIRIA is described, revealing in reality the Pelasgic origin of the Minoans! It puts an end on all the other theories about their origin and sets in order in the best possible way the theology of the ancients in all the following periods.

PELASGIANS' LAND

According to Greek mythology the first human who sprang from the earth was PELASGOS and thus in this way he can be considered the forefather of all humans! Aeschylus in his tragedy SUPPLIANTS, defines the kingdom of Pelasgos at the Strymon River in MACEDONIA! Besides, a simple look in compatible history suffices for one to realize the spread and the Pelasgic origin of all the Greeks...!

The myth of Pelasgos further informs us that he taught humans to process hides and make clothes (And the Lord made for Adam and his wife leather tunics and dressed them, clothes. Gen. 3,21)! In a way here Pelasgos takes the place of God and justifies his role as the first man (first-created?)!

Gleaning truths from sources, we discover that according to ancient writers, the Pelasgians preceded the known Greek tribes (Achaeans, Dorians, Ionians, etc.). They place them at the area of the Mediterranean basin, together with the Carians and Leleges, who nonetheless were Pelasgic tribes! "Scattered throughout the area not only of Greece, but of Illyria as well, of Italy and the neighboring areas, of Asia Minor, of the Aegean islands..." is recorded!

Οι Πελασγοί ήταν τόσο ανήσυχος λαός, που ο Αριστοφάνης τους ονομάζει Πελαργούς (μεταναστευτικά πουλιά) και ο Πλάτωνας στον Φαίδωνα Βατράχους (μεταπηδούν εδώ κι εκεί). Ο δε Ευσέβιος τους παρουσιάζει ως θαλασσοκράτορες, εννοώντας βέβαια τους Μινωίτες (Πελασγοί κι αυτοί). Αβίαστα από τις αναφορές λοιπόν, προκύπτει η σύνδεση και η συνέχεια του μύθου, με τους ενταγμένους πλέον στην ιστορία ΠΕΛΑΣΓΟΥΣ………

ΠΕΛΑΣΓΙΚΗ ΛΑΤΡΕΙΑ

Όταν ακουμπάς σχεδόν τα βιβλικά γεγονότα, οι προσδοκίες σου περιστρέφονται στις αναμνήσεις του χαμένου παραδείσου, στις διαδικασίες και στον τρόπο επαναφοράς εκεί! Επικαλείσαι τα ΜΥΣΤΗΡΙΑ που σε φέρνουν πιο κοντά και αναπαρασταίνεις δρώμενα που μνήμες έχεις από μια άλλη ζωή! Αυτή η αρχική μορφή της Πελασγικής λατρείας, που εξαπλώθηκε από το βορρά σε σχέση με τον Ελλαδικό χώρο, ονομάστηκε και βόρεια λατρεία! Είναι τα περισσότερο γνωστά σε όλους μας Καβείρια μυστήρια, που μετεξελίχθηκαν στην ΟΡΘΟΔΟΞΙΑ σήμερα!

Βασίζονταν στην ανέλιξη των ψυχών, που απαραίτητη γι αυτό ήταν τα μυστήρια που προκαλούσαν την θεία παρέμβαση! Η αποδοχή και συμμετοχή στα μυστήρια από τους ανθρώπους, προσέθετε πλεονεκτήματα στον αγώνα της ψυχής ενάντια στο σώμα! Το ζητούμενο ήταν η ΕΥΛΟΓΙΑ που απέρρεε από την τέλεση της μύησης (βάπτισης), του γάμου, της θείας κοινωνίας, της εξομολόγησης………!

Στην παρακμή της ΥΛΗΣ που ζούμε σήμερα, τέτοιες έννοιες είναι ακαταλαβίστικες από τους πολλούς! Για τους πιστούς, το βάπτισμα (μύηση) χρίζει τον άνθρωπο εν δυνάμει θεό και τον εντάσσει στη διαδικασία επαναφοράς! Η λήψη της θείας κοινωνίας συμβολίζει την πίστη στον νοητό κόσμο και έχει κατά περίπτωση ειδικά ευεργετήματα! Η εξομολόγηση είναι παραδοχή και επαναφέρει τον καλύτερο πλέον άνθρωπο στο δρόμο του! Εξέχουσα όμως θέση στη λατρεία είχε το μυστήριο του γάμου, που ενίοτε αποδεικνυόταν ΙΕΡΟΓΑΜΙΑ! Εδώ ακριβώς φτάσαμε στην ουσία, που ήταν και η επιδίωξη των Πελασγών, των Καβειρίων, αλλά και της Ορθοδοξίας που κι αυτή είναι συνέχεια της ίδιας δοξασίας!

Την θεία παρέμβαση, την αντιλαμβάνονταν οι πιστοί στα Καβείρια με τις αρπαγές, που ήταν και το υπέρτατο δρώμενο στη λατρεία. Οι δε ΙΕΡΟΓΑΜΙΕΣ ταυτίζονταν με τις ¨αρπαγές¨, όπου ο θεός άρπαζε θνητή και τεκνοποιούσε! Η ΑΡΠΑΓΗ που γέννησε τον Διόνυσο Ζαγρέα και πρωταγωνιστεί στον ύμνο του δίσκου, ήταν της ΠΕΡΣΕΦΟΝΗΣ!

The Pelasgians were such a restless people, that Aristophanes calls them Pelargians (Pelargos is the stork in Greek) and Plato in his Phaedon calls them frogs (as frogs leap from place to place). Eusebius presents them as sea kings, certainly meaning the Minoans (these too were Pelasgians). Easily then from these reports is proven the connection and the continuation of the myth, which finally registered in history PELASGIANS....

PELASGIAN WORSHIP

When you almost touch upon biblical events, your expectations move around memories of the lost Paradise, the processes and your way back there! You call upon the MYSTERIES that bring you closer and you reenact events of which you retain memories from another life! This initial form of the Pelasgian worship, that spread from the North to the rest of the Greek territory, was named North worship! These are the more familiar to us Kabeirian mysteries, that were transformed into modern day Orthodoxy!

These Kabeirian mysteries were based on the development of the souls, for which development the mysteries were necessary since they caused the divine intervention! The acceptance and participation in the mysteries by the people, added advantages in the soul's struggle against the body! The desideratum was the BLESSING that issued from the performance of the initiation (baptism), wedding ceremony, Holy Communion, Confession....!

In the decline of MATTER we live in today, notions like these are incomprehensible to most people! For the faithful, baptism (initiation) anoints him a potential god and places him in the process of reinstatement! The receiving of Holy Communion symbolizes the belief in the spiritual world and has, as the case may be, special benefits! Confession is the admission (of sins) and reinstates the now better person in the right path! The special place in the worship though was reserved for the Wedding ceremony, which often proved to be an IEROGAMIA (Holy Wedding)! Here we have arrived at the essence of it all, which was the pursuit of the Pelasgians, the Kabeirian mysteries, and of Orthodoxy today which is also a continuation of the same dogma!

The divine intervention the faithful identified in the Kabeirian mysteries with the rapes, which were the ultimate ritual in the worship. On the other hand, the IEROGAMIES (Holy weddings) were identified with the "rapes", wherein the god snatched a mortal woman and impregnated her! The "RAPE" that gave birth to Dionysus Zagreus and is the leading myth in the hymn of the Disc of Phaistos, was that of PERSEPHONE!

ΦΑΙΣΤΟΣ και ΑΜΦΙΠΟΛΗ

Η ερμηνεία του ύμνου στο δίσκο, αποκάλυψε πάνω απ όλα το ομόθρησκο μεταξύ των Μινωιτών και της Καβείριας λατρείας του βορρά! Η κοινή αφετηρία από τον Πελασγό, το δικαιολογεί απόλυτα αυτό. Η εφαρμογή των στίχων του δίσκου στην Αμφίπολη, είναι τόσο μεγάλη που θα μπορούσαν να αναφέρονται σ αυτή! Έτσι μπορεί να εξηγηθεί και ο ιερατικός τρόπος γραφής, που για πρώτη φορά χρησιμοποιήθηκε από τον ΟΡΦΕΑ στο βορρά! Με την γραφή του δίσκου ήταν γραμμένοι οι γνωστοί ύμνοι του, που μεταφράστηκαν στα αρχαία Ελληνικά από τον Πεισίστρατο.

Η διάμετρος του δίσκου, είναι ΑΚΡΙΒΩΣ το 1/1000 της διαμέτρου του ΗΛΙΑΚΟΥ κυκλικού μνημείου που αποκαλύφθηκε το 2014 στην ΑΜΦΙΠΟΛΗ της ΒΙΣΑΛΤΙΑΣ! Τηρήθηκε έτσι μια ιερή αναλογία, άγνωστη σε μας! Στον ύμνο αναφέρονται ιεραρχικά οι μεγάλοι Θεοί των Καβειρίων (τριαδικός Θεός), που από άγνοια τους ονομάζουν έτσι! Οι ίδιοι πρωταγωνιστές σε Φαιστό και Αμφίπολη! Ο ΗΛΙΟΣ σαν επουράνιος Πατέρας, η πολύμορφη ΡΕΑ, ο ΥΙΟΣ ΖΑΓΡΕΑΣ, ο σύνδεσμος ΔΙΑΣ, η ΜΗΤΕΡΑ ΓΗ και η θεά της φύσης ΕΚΑΤΗ!

ΔΟΜΗ ΥΜΝΟΥ: Παζλ εκφράσεων και λέξεων είναι η δομή του ύμνου επάνω στο δίσκο. Έπρεπε 45 μόνο σύμβολα που απαρτίζουν τον ύμνο με συγκεκριμένες ερμηνείες, να επαναληφτούν ανάκατα και με σειρά όπως την όρισε ο Μινωίτης, 242 φορές. Δημιουργούνται έτσι διαφορετικά περιβάλλοντα για τα σύμβολα μέσα στους στίχους, που ΜΟΝΟ η σωστή ερμηνεία τα ταιριάζει σε όλες τις θέσεις. Στο παράδειγμά μας βλέπουμε το σύμβολο του ψαριού, να εμφανίζεται σε διαφορετικούς στίχους, με διαφορετικά γειτονικά σύμβολα κάθε φορά. Αυτό και μόνο το γεγονός, χαρακτηρίζει την ερμηνεία που ακολουθεί, ως ΑΥΤΑΠΟΔΕΙΚΤΗ.

PHAESTOS and AMPHIPOLIS

The deciphering of the hymn of the Disc, revealed above all else the omothriskon (of same religion) of the Minoans and the Kabeirian worship of the North! The common beginning from Pelasgos, fully justifies this. The application of the verses of the Disc on Amphipolis, is so pronounced that the verses could as well refer to this city! This is how it can be explained the hieratic way of writing, that was for the first time used by Orpheus in the North! In the scripture of the Disc were written the known hymns of Orpheus, which were later translated into ancient Greek by Peisistratus.

The diameter of the Disc is EXACTLY 1/1000 of the diameter of the SOLAR circular monument that was discovered in 2014 at AMPHIPOLIS of BISALTIA! Thus, it was preserved a holy ratio unknown to us! In the hymn on the Disc, are mentioned hierarchically the great gods of the Kabeirian mysteries (triadic god), who are so named (great gods of the Kabeirian mysteries) out of ignorance! They are the same protagonists in Phaistos and Amphipolis! The SUN as celestial Father, the polymorphous Rhea, the SON ZAGREAS, the go-between ZEUS, MOTHER EARTH and the goddess of nature HECATE!

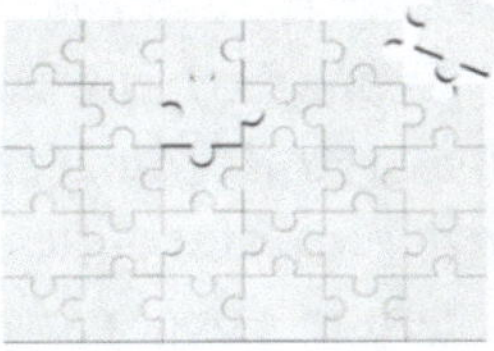

HYMN STRUCTURE: A puzzle of phrases and words is the structure of the hymn on the Disc! There ought to be only 45 symbols that make up the hymn with specific meanings, to be repeated randomly and in order as ordained by the Minoan, 242 times. Thus, are created different environments for the symbols in the verses, that ONLY the correct decipherment fits them in all the right places. In our example we see the symbol of the fish appearing in various verses with different adjacent symbols each time. This fact alone, characterizes the interpretation that follows as SELF EVIDENT.

ΕΡΜΗΝΕΙΑ ΤΩΝ 45 ΔΙΑΦΟΡΕΤΙΚΩΝ ΣΥΜΒΟΛΩΝ

01. ΡΟΔΑΚΑΣ:   4 σύμβολα - ΠΑΤΕΡΑΣ

Εμπνευσμένος ήταν ο ρόδακας από το άνθος νούφαρου, του οποίου ο συμβολισμός ήταν η ΑΝΑΓΕΝΝΗΣΗ όλης της φύσης, αλλά και των ανθρώπων που προσδοκούσαν σ' αυτήν! Εκεί στα αβαθή νερά και από τον λασπερό βρώμικο βυθό, ξεπροβάλλει το λαμπερό πεντακάθαρο άνθος σε μια νέα αρχή (αναγέννηση)! Προϋποθέτει βέβαια αυτή την γονιμοποιό ενέργεια του ΗΛΙΟΥ, που έτσι ταυτίστηκε κι αυτός στο ίδιο άνθος (ρόδακας)! Έμελλε λοιπόν σε όλους τους αιώνες που ακολούθησαν, να καθιερωθεί ο ρόδακας σαν καθαρά Ηλιακό σύμβολο, με παραπομπή μόνο σ' αυτόν! Όσον αφορά την καθαυτό ΑΝΑΓΕΝΝΗΣΗ, όπως θα την αναγνωρίσουμε επάνω στον Δίσκο, συμβολίστηκε με ανθισμένα κλαδιά!

Επιβεβαίωση του Ήλιου που υπάρχει στο κέντρο του Δίσκου, δίνουν περίτρανα τα Ηλιακά Ιωνικά κιονόκρανα, αλλά και ανάγλυφα, όπου από τον 'Ηλιο ξετυλίγεται η σπείρα, ακριβώς όπως συμβαίνει και επάνω στον Δίσκο! Επρόκειτο για απόλυτη εφαρμογή μιας πανάρχαιας γνώσης, στην οποία με στροβιλισμό ο ΗΛΙΟΣ διοχέτευε την ζωοφόρο ενέργειά του. Αυτόν ακριβώς τον στροβιλισμό διαχειρίζονταν σύμφωνα με τον ύμνο του ΟΡΦΕΑ, η επουράνια και θεά της φύσης ΡΕΑ, που κι αυτή αναφέρεται στον Δίσκο. ΑΡΧΗ των πάντων ο Ήλιος, όπως γενική πεποίθηση των αρχαίων ήταν, είναι αναμφισβήτητο ότι η αρχή του ύμνου και κατά μήκος της σπείρας, ήταν αυτός. Ευαπόδεικτο είναι άλλωστε και από την ροή ερμηνείας των συμβόλων του Δίσκου.

«Τον (Ήλιο) προσφωνεί ο ιερέας στον ύμνο, που είναι το αμέσως επόμενο σύμβολο στην σειρά. Το κάνει με συγκεκριμένο τρόπο, όπως σε θεούς αρμόζει και όπως μέχρι και σήμερα ισχύει! Τον περιγράφει επαρκώς, μην αναφέροντας το όνομά του, όπως το ίδιο κάνει και με τους άλλους θεούς που αναφέρονται στον ύμνο».

INTEPRETATION OF THE 45 DIFFERENT SYMBOLS

01. ROSETTE:   4 SYMBOLS - FATHER

The rosette was inspired by the flower of the waterlily, whose symbolism was the REGENERATION of the entire nature as well as of all humans who looked forward to it! There in the shallow waters and from the muddy dirty bottom, emerges the bright crystal-clear flower in a new beginning (rebirth!) It presupposes though that fertilizing energy of the SUN, who identifies thus with the same flower (rosette)! It was destined then through all the following centuries the rosette to be established as a purely Solar symbol, with reference only to him (Sun)! Regarding the REBIRTH itself, as we will identify her on the Disc, she was symbolized with flowered branches!

Confirmation of the Sun that exists in the center of the Disc is evidently provided by the Solar Ionian capitals, as well as various other sculptures wherein the spiral unwinds from the Sun exactly as it happens on the Disc! We are dealing here with an absolute application of a most ancient knowledge, in which the SUN channeled off his vital energy through a swirl. Exactly this swirl, according with the hymn of Orpheus, the heavenly goddess of nature Rhea was handling and she is also recorded on the Disc. BEGINNING of everything was the Sun as it was the general belief of the ancients and so it is undisputed that the beginning of the hymn and along the spiral, was the Sun. It's self-evident even from the flow of the decipherment of the symbols on the Disc.

"The priest addresses him in the hymn, which is the next in line symbol. He does this in a specific way, as it befits Gods and as it still happens today! He describes him properly without mentioning his name as he does with the other gods in the hymn"

02. ΙΕΡΕΑΣ:  2 σύμβολα - ΙΕΡΕΑΣ

Η ιδιαίτερη κεφαλή που ακολουθεί το σύμβολο του ΗΛΙΟΥ, ανήκει στον ιερέα του που είναι και ο αφηγητής του ύμνου. Τον αναγνωρίζουμε από δυο χαρακτηριστικά ΗΛΙΑΚΑ γνωρίσματα που φέρει στην κεφαλή του. Την τούφα μαλλιά στον κρόταφο που σχηματίζει κέρας Κριού και την διπλή σπείρα της αιωνιότητας που έχει στο μάγουλο. Πέρα από αυτά, η κεφαλή είναι ξυρισμένη και αν υπήρχε χρώμα αυτό θα ήταν ΓΑΛΑΖΙΟ (ιερό χρώμα)! Αυτό τουλάχιστον αποδεικνύει ο ψαράς της Σαντορίνης, που σαν τέτοιος όπως θα δούμε στην συνέχεια, ήταν μυημένος!

Και η διπλή σπείρα με τη σειρά της που έχει στο μάγουλο ο ιερέας, συμβόλιζε το άπειρο και την αιωνιότητα που ανήκαν σε ΟΥΡΑΝΟ και ΗΛΙΟ. Το ίδιο που και όλος ο Δίσκος συμβόλιζε, αφού εμπρός και πίσω δυο σπείρες τον χαρακτηρίζουν. Στα Μινωικά χρόνια ήταν το πιο διαδεδομένο λατρευτικό σύμβολο και υπήρχε παντού, όπως αυτό της εικόνας από το εσωτερικό τάφου, αλλά και άλλα.

Ο Κάρνειος Απόλλων και ο Άμμωνας Δίας, με την γνωστή ΗΛΙΑΚΗ ιδιότητά τους, φέρουν κέρατα κριού και είναι η μεγάλη απόδειξη για την ταυτότητα της κεφαλής επάνω στον Δίσκο. Καθιερώθηκε να παραπέμπει ο κριός στον ΗΛΙΟ, από τα σπειροειδή κέρατά του, αλλά και από μια περίεργη και ανεξήγητη συνήθειά του, να παίρνει συγκεκριμένη στάση απέναντι στον ΗΛΙΟ.

«Αφηγητής του ύμνου λοιπόν ο ιερέας, θα ακολουθήσει μέχρι το τέλος αυτού και θα τηρήσει πιστά τους περιγραφικούς κανόνες των εικονογραμμάτων και ιδεογραμμάτων».

02. PRIEST:  2 SYMBOLS - PRIEST

The peculiar head that follows the symbol of the SUN, belongs to his priest who is also the narrator of the hymn. We identify him by two characteristics he bears on his head. The lock of hair on his temple that forms a ram horn and the double spiral on his cheek! Having their own point of reference both refer to the SUN. Furthermore, the head is shaved and if there was color that would be BLUE (holy color)! This nonetheless the fisherman of Santorini proves for us, who as such, as we will see later on, was initiated!

The double spiral that the priest has on his cheek symbolized the infinite and eternity of the SKY and SUN. The same that the entire Disc symbolized since it is characterized by two spirals in the front and back. In Minoan times it was the most widely used worship symbol and existed everywhere, just like this one on the picture from the interior of a tomb.

The Carnean Apollo and Ammon Zeus, with their known SOLAR properties, have ram horns and this is a great proof for the identity of the head on the Disc. It was established for the ram to relate to the SUN, from the ram's spiral horns but also from a strange and inexplicable habit of his, to assume a certain pose when facing the SUN.

«Narrator of the hymn the priest then, he will follow through the end of it and will adhere faithfully to the descriptive rules of the pictograms and ideograms».

03. ΣΤΑΧΥ:   4 σύμβολα - ΚΑΡΠΟΣ

Κλείνει ο πρώτος στίχος των τριών συμβόλων, με το στάχυ και συνειρμικά οδηγεί στην γονιμοποιό ενέργεια του ΗΛΙΟΥ. Χαρακτηριστικό είναι το ανάγλυφο με τον ρόδακα ΗΛΙΟ στο κέντρο, που από τα στάχυα και τον κάλαθο δημητριακών, καταλαβαίνουμε ότι ακριβώς αυτήν την ενέργεια εκφράζει! Σαν πιο διαδεδομένο το στάχυ, αντιπροσωπεύει στον ύμνο όλους τους καρπούς της γης.

04. ΜΙΝΩΙΤΗΣ:   11 σύμβολα - ΑΝΘΡΩΠΟΣ

Σαν σε παρέλαση και γυμνός από την μέση και επάνω, να φορά μόνο το ένδυμα όπως καλύτερα το βλέπουμε σε τοιχογραφίες, κινείται ο άνθρωπος κατευθυνόμενος στην γιορτή που περιγράφει ο ύμνος. Έντεχνα επιλεγμένη η κίνηση, φανερώνει την υπερηφάνια, τον ενθουσιασμό και την χαρά που διακατέχουν τον Μινωίτη. Καμαρωτός περπατά και βιάζεται να φτάσει στον χώρο δοξασίας όπου θα συμμετάσχει στα δρώμενα της γιορτής. Πανηγύρι σωστό θα είναι αυτή, με μουσική, θυσίες, ψαροφαγία και παρουσία σε ιεροτελεστίες εξαγνισμού. Το ανθρωπάκι επάνω στον Δίσκο λοιπόν, είναι ακριβώς όπως φαίνεται και κανέναν συμβολισμό δεν κρύβει.

03. EAR:   4 SYMBOLS - FRUIT

The first verse with the three symbols closes with the ear and by association leads to the fertilizing energy of the SUN. Characteristic is the relief with the rosette SUN in the center whom, from the ears (of wheat) and the cereal basket, one understands that it symbolizes exactly that energy! The ear, being more widespread, represents in the hymn all the fruits of the earth.

04. MINOAN:   11 SYMBOLS - HUMAN

As in a parade and naked from the waste up, wearing only the dress as we best see in wall frescos, the man moves heading to the feast that the hymn describes. Skillfully chosen, this movement reveals the pride, enthusiasm and joy that possess the Minoan. Proud he walks and rushes to reach the place of worship where he will partake in the activities of the feast. A proper festival it will be with music, sacrifices, fish eating and presence in purification rituals. The little human on the Disc then, is exactly what it depicts and hides no further symbolism.

05. ΔΙΑΥΛΟΣ:   6 σύμβολα - ΜΟΥΣΙΚΗ

Είναι πιθανότατα δίαυλος το πνευστό μουσικό όργανο, που απεικονίζεται επάνω στον Δίσκο! Φαίνεται, όπως πραγματικά συμβαίνει, να έχει από 5 οπές σε κάθε αυλό! Στις εμφανίσεις του, πάντα ακολουθεί τον Μινωίτη και δεδομένου ότι πρόκειται για γιορτή, η μουσική ήταν απαραίτητη! Μουσική και γιορτή είναι οι λέξεις που συνδέονται με τον δίαυλο και από αυτές προκύπτει η ερμηνεία!

06. ΡΕΑ ΠΟΛΥΜΟΡΦΗ:   2 σύμβολα – ΑΓΙΟ ΠΝΕΥΜΑ

Το αίνιγμα της φυλής DOGON και οι γνώσεις τους περί αστρονομίας, δεν είναι και τόσο αίνιγμα αν τους συνδέσουμε με τους Μινωίτες. Δόγμα τους ήταν το «ότι επάνω και κάτω» αντιγράφοντας πιστά τους Μινωίτες, που βρέθηκαν και σε αυτό το σημείο του πλανήτη! Στις τελετουργίες τους διατηρούσαν την γνωστή Μοϊκάνα στα μαλλιά, από τον Τάλω προστάτη της Κρήτης, όπως μας φανερώνει το σύμβολο της προστασίας επάνω στον Δίσκο.

Ένα συμμετρικό σύμβολο που θα μπορούσε κάλλιστα να εκφράζει την Ερμητική φιλοσοφία, εμφανίζεται στον Δίσκο για να εκφράσει την πολύμορφη ΡΕΑ. Δείχνει αυτό «ότι επάνω και κάτω», με τέσσερις απολήξεις στην κάθε πλευρά. Στο επάνω μέρος ενός Τ και στο κάτω μέρος ενός αντεστραμμένου Τ, με το Δελφικό ΕΨΙΛΟΝ να εμπεριέχεται!. Επουράνια ροή ενέργειας, μαζί και χθόνια ροή από τα τέσσερα στοιχεία της ΦΥΣΗΣ, να απολήγουν στο ΕΨΙΛΟΝ εκφράζοντας την πεμπτουσία σαν την απόλυτη πηγή ζωής! ! Εκφραστής αυτής της ροής η ΡΕΑ, με την κύρια μορφή της που ήταν η ΦΥΣΗ! Αβίαστα προκύπτει λοιπόν, ότι ο πρόγονος του Δελφικού ΕΨΙΛΟΝ, υπάρχει επάνω στον Δίσκο!

05. DOUBLE FLUTE:   6 SYMBOLS -MUSIC

It is most likely the wind musical instrument that is depicted on the Disc! It appears, as in reality happens, to have 5 holes on each flute! In its appearances, it always follows the Minoan and given that this is about a feast, music was indispensable! Music and feast are the words linked to the double flute and from these the interpretation results!

06. RHEA POLYMORPHOS:   2 SYMBOLS – HOLY SPIRIT

The enigma of the DOGON tribe and their knowledge of astronomy, is not such an enigma after all if we connect them to the Minoans. Their (Dogon's) dogma was "whatever is above is also underneath" thus faithfully copying the Minoans, who were present even in this part of the planet. In their (Dogon's) rites they maintained the known Mohican hairstyle, from Talos the protector of Crete, as it reveals to us the symbol of protection on the Disc (of Phaestos).

A symmetrical symbol that could best express the Hermetic philosophy, appears on the Disc to express the Polymorphos Rhea. It shows that "whatever exists above exists below as well" with four endings on each side. On the top side of a T and on the bottom side of an upside T, with the Delphic EPSILON contained within! Celestial energy flow, together with the chthonian flow from the four elements of NATURE, ending in the EPSILON expressing the quintessence as the absolute source of life! Representative of this flow is Rhea, in her main form which was NATURE! Easily one can conclude that the predecessor of the Delphic EPSILON, exists on the Disc!

07. ΡΑΒΔΙ ΑΣΚΛΗΠΙΟΥ:   4 σύμβολα - ΥΓΕΙΑ

Το ραβδί με το φίδι, που μέχρι και σήμερα συμβολίζει την ΥΓΕΙΑ, φαίνεται να είναι αρχαιότερο του Ασκληπιού! Υπάρχει στον Δίσκο της Φαιστού, επάνω στον οποίο γίνεται σύνδεση με την πολύμορφη ΡΕΑ! Η ΥΓΕΙΑ αποτελούσε ευχή στον ύμνο και ήταν μαζί με την ΦΥΣΗ, οι δυο μορφές της θεάς που πρωταγωνιστούν σ' αυτόν!

08. ΔΕΝΤΡΟ:  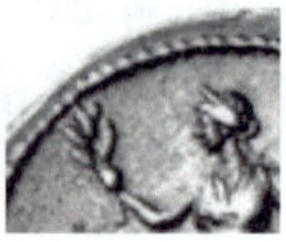 11 σύμβολα – ΘΕΑ ΤΗΣ ΦΥΣΗΣ

Η κουκουναριά (πεύκη η πίτυς επιστημονικά) συγκεκριμένα, ήταν το ιερό δέντρο στην Κρήτη και με αυτήν συμβόλιζαν την ΦΥΣΗ οι Μινωίτες. Ήταν η κύρια μορφή της Πολύμορφης Ρέας, που στον Δίσκο αναφέρεται 10 φορές σαν θεά της ΦΥΣΗΣ. Χαρακτηριστικό είναι ότι το δέντρο συνδέεται στον ύμνο με το σύμβολο της ΑΦΘΟΝΙΑΣ που από την ΦΥΣΗ παράγεται!

Υπάρχει η επιβεβαίωση σε νομίσματα των Ρωμαϊκών χρόνων αιώνες μετά, όταν η θεά μαζί με το δέντρο, κρατά και το κέρας της Αμάλθειας (αφθονία)!

Δεν σώζονται σήμερα πολλά από τα ιερά δένδρα στην Κρήτη, όμως υπάρχουν! Σε Μινωικό δαχτυλίδι, η θεά κάθεται κάτω από την κουκουναριά, ενώ στο δαχτυλίδι του Μίνωα όπως ονομάστηκε, απεικονίζεται η συγκομιδή των ιερών καρπών, που συνέβαινε κάθε τρία χρόνια προς τιμήν του Διόνυσου Ζαγρέα!

07. Staff of Asclepius:   4 SYMBOLS - HEALTH

The staff with the snake, which till today symbolizes HEALTH, appears to be older than Asclepius himeslf! It exists on the Disc of Phaestus where it connects with Polymorphos Rhea! HEALTH was a wish in the hymn and together with NATURE were the two dominant forms of the goddess on the Disc!

08. TREE:  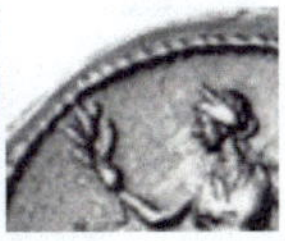 11 symbols – GODDESS OF NATURE

The pine tree (genus Pinus) specifically was the sacred tree of Crete and with it the Minoans symbolized NATURE. It was the main form of Polymorphos Rhea which appears ten times on the Disc as goddess of NATURE. It's characteristic that the tree is linked in the hymn with the symbol of PLENTY that is generated by NATURE!

The confirmation of this exists on coins of Roman times centuries later where the goddess along with the tree holds the horn of Amalthea (plenty) as well!

Not many of those sacred trees survive today in Crete but they do exist! On a Minoan ring we see the goddess sitting under the pine tree, while on the ring of Minos as it was named, we see the harvest of the sacred fruit that took place every three years in honor of Dionysos Zagreas!

ΕΚΑΤΗ (ΘΕΑ της ΦΥΣΗΣ)

Αρχαίο κείμενο την αποκαλεί πριγκίπισσα του ΣΤΡΥΜΩΝΑ (ΠΕΛΑΣΓΩΝ ΤΟΠΟΣ), αναπαρασταίνονταν τρίμορφη και φορούσε τον ¨πόλο¨ της πολύμορφης ΡΕΑΣ! Γράφει σχετικά ο Ησίοδος στη Θεογονία του: «.....*εμφανίζεται ως θεά με διευρυμένες ιδιότητες σε γη, θάλασσα και ουρανό (δημιουργία). Ως εκ τούτου ήταν η προστάτιδα των ψαράδων και των κτηνοτρόφων. Είχε όμως και πολιτικές ιδιότητες, καθώς παρευρίσκονταν στα δικαστήρια, στους αθλητικούς αγώνες και στον πόλεμο. Είναι θεότητα ανεξάρτητη από τους Ολύμπιους αλλά με σεβαστά τα προνόμιά της από τον Δία, ο οποίος μάλιστα τα επαύξησε*....».

Η «πρόνοια» των θεών όρισε την ΕΚΑΤΗ να κηδεμονεύει τους πρώτους ανθρώπους στον επί γης παράδεισο που έπλασε ο Κύριος (*και εφύτευσεν ο θεός παράδεισον εν Εδέμ κατά ανατολάς και έθετο εκεί τον άνθρωπον, ον έπλασεν* Γεν. 2,8)! Ως εκ τούτου ήταν και η ίδια πολύμορφη, σε ότι αφορούσε ΟΛΕΣ τις ανάγκες των ανθρώπων!

Από την ώρα που γεννιόταν ο άνθρωπος, μέχρι και που πέθαινε, επιμελούνταν η ΕΚΑΤΗ με τη μορφή της Αρτέμιδος Ειλειθυίας! Ήταν εκεί στη διαδικασία του τοκετού, προστατεύοντας τις λεχώνες και τα βρέφη! Κρατούσε τον πυρσό της ζωής, που τον παρέδιδε στο νεογέννητο και αυτό τον κουβαλούσε αναμμένο σε όλη του τη ζωή! Κάποτε, όπως φανερώνουν την διαδικασία τα νομίσματα, θα παραδώσει τον πυρσό στο θάνατο, όπου εκεί πάλι θα είναι η ΕΚΑΤΗ........

HECATE (GODDESS of NATURE)

An ancient text calls her "princess of the STRYMON (PLACE OF THE PELASGIANS), depicting her triform (three-shaped) who wore on her head the "polos" of polymorphous RHEA! Hesiod writes in his Theogony: "she appears as a goddess possessing wide powers on earth, sea and sky (creation). Therefore, she was the protectress of fishermen and shepherds. She also possessed political abilities, since she was present at courthouses, in athletic contests and war. She is an independent goddess from the Olympian gods with rights respected by Zeus, who added on these rights...."

The "providence" of the gods provided that Hecate should oversee the first humans on the earthly paradise that the Lord created (and planted God a paradise in Edem to the East and therein placed man, that He created. Gen. 2,8)! Thus, she was herself polymorphous, in regards to ALL the needs of humans!

From the moment a person was born till the moment he died, Hecate would look over him in the form of Artemis Eileithuia! She was present at the process of labor, protecting the young mothers and the babies! She held the torch of life, which she handed over the newborn and the newborn would carry it lit throughout his life! Sometimes, as the coins reveal to us process, the newborn will give back the torch upon his death, upon which event (death) will be there HECATE.......

09. ΤΟΜΑΡΙ ΤΑΥΡΟΥ:   15 σύμβολα - ΘΥΣΙΑ

«Ατέλειωτη γονιμοποιός ενέργεια» ήταν το κοινό χαρακτηριστικό μεταξύ του ΗΛΙΟΥ και του ταύρου! Ήταν λοιπόν το δικό του ζώο, όπως παραστατικά μας δείχνει ο Μυκηναϊκός ταύρος με τον Ηλιακό ρόδακα στο μέτωπο. Απόλυτα εύστοχο το δέρμα ταύρου για να συμβολιστεί η θυσία που συνέβαινε στην γιορτή. Παραπέμπει σε σφαχτό και άρα στην θυσία!

10. ΟΥΡΑΝΟΣ:   17 σύμβολα - ΟΥΡΑΝΟΣ

Ο Ουρανός συμβολιζόταν σε όλες τις περιόδους της αρχαιότητας σαν κύκλος. Εμπεριείχε μέσα τα 7 ορατά τότε ουράνια σώματα (ΗΛΙΟΣ, ΣΕΛΗΝΗ, ΕΡΜΗΣ, ΑΦΡΟΔΙΤΗ, ΑΡΗΣ, ΔΙΑΣ, ΚΡΟΝΟΣ). Σε νόμισμα της Ελληνιστικής περιόδου από την Αμφίπολη, βλέπουμε ακριβώς τι αναπαριστούσαν οι Μινωίτες. Το σύμβολο του Ουρανού, συνδέεται άρρηκτα με το σύμβολο της ΠΡΟΣΤΑΣΙΑΣ στον Δίσκο, επαναλαμβάνεται 17 φορές και είναι η έκκληση στους επουράνιους για προστασία!

11. ΚΕΦΑΛΗ:   19 σύμβολα - ΠΡΟΣΤΑΣΙΑ

Χωρίς αμφιβολία πρόκειται για το σύμβολο της προστασίας. Έχει τις περισσότερες επαναλήψεις (19) από κάθε άλλο σύμβολο στον Δίσκο και κατά κανόνα είναι κατάληξη σε στίχο! Είναι η κύρια επίκληση στον Δίσκο, η οποία στρεφόταν βέβαια στον ουρανό. Έτσι σε 12 περιπτώσεις, το σύμβολο που προηγείται της ΠΡΟΣΤΑΣΙΑΣ είναι ο ΟΥΡΑΝΟΣ! Μόνο από εκεί, σε όλους τους αιώνες, ελπίζει ο άνθρωπος για προστασία!

 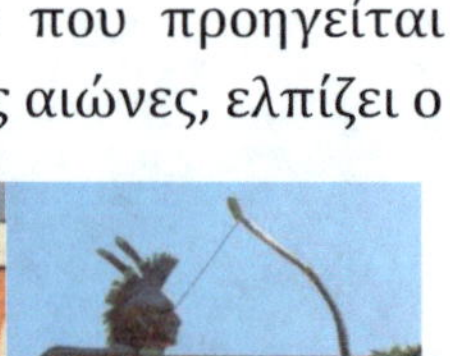

Στην χερσόνησο του ΓΙΟΥΚΑΤΑΝ στο Μεξικό, όπως μας αποκαλύπτουν προκολομβιανές τοιχογραφίες των Αζτέκων, μια λευκή φυλή νικήθηκε για να πάρουν οι Αζτέκοι πλέον την εξουσία! Οι λευκοί είχαν τον ίδιο τρόπο κουρέματος με την κεφαλή στον Δίσκο και τους ονόμαζαν «άνθρωποι της θάλασσας». Επρόκειτο για τους Μινωίτες, οι οποίοι ονόμασαν την χερσόνησο ΓΙΟΥΚΑΤΑΝ, από το όνομα του ιερού βουνού ΓΙΟΥΚΤΑΣ ή ΓΙΟΥΧΤΑΣ στην Κρήτη!

09. BULL HIDE:   15 symbols - SACRIFICE

“Endless fertilizing energy” was the common characteristic between the SUN and the bull! Thus, the bull was the SUN’s animal, as is clearly depicted on the Mycenaean bull with the Solar rosette on his forehead. Absolutely on point the bull hide to symbolize the sacrifice that took place at the festival. It refers to a sacrificial victim and therefore to the sacrifice!

10. OURANOS (SKY):   17 symbols - SKY

The Sky was symbolized as a cycle throughout antiquity. It contained within the then visible 7 celestial bodies (SUN, MOON, HERMES, APHRODITE, MARS, JUPITER, SATURN). On a coin of the Hellenistic period from Amphipolis, we see exactly what the Minoans depicted. The Sky symbol, is inextricably connected with the symbol for PROTECTION on the Disc, is repeated 17 times and is an invocation to the celestial ones for protection!

11. HEAD:   19 symbols - PROTECTION

Without doubt this is the symbol for protection. It has the most repetitions (19) than any other symbol on the Disc and as a rule is always the ending of every verse! It is the main invocation on the Disc for sure addressed to the sky. Thus in 12 cases, the symbol preceding the symbol of PROTECTION is the SKY! Only thence, throughout eternity, man seeks protection!

In the Yucatan peninsula of Mexico, as is revealed by the pre-Colombian wall paintings of the Aztecs, a white tribe was defeated so the Aztecs could seize power! That white tribe had a haircut that was identical with the head as depicted on the Disc and they were called the “people of the sea”. These people were the Minoans, who named that peninsula Yucatan from the name of their native holy mountain Yuctas or Yuhtas in Crete!

12. ΥΨΙΛΟΝ:  4 σύμβολα – ΦΡΟΝΤΙΔΑ στοχευόμενη

Πολύ αργότερα το γράμμα ΥΨΙΛΟΝ, που δεν είναι τίποτα άλλο παρά ένα ΧΩΝΙ, έπαιζε τον ρόλο του στην σημασία των λέξεων! Ο πρόγονος του ύψιλον με την παραστατική του ιδιότητα, εμφανίστηκε πρώτη φορά στον Δίσκο της Φαιστού. «Συσσώρευση ενέργειας από ψηλά και διοχέτευση σε ένα σημείο» είναι ο ορισμός της εμφάνισής του! Αυτό ακριβώς επικαλείται και ο ιερέας στον ύμνο!

13. ΡΑΒΔΙ - ΣΚΗΠΤΡΟ:   11 σύμβολα - ΕΥΛΟΓΙΑ

Στα παραμύθια, το μαγικό ραβδί το κρατάνε νεραΐδες, που με ένα κτύπημα εκπληρώνουν τις ευχές των μικρών παιδιών. Το κρατάνε και οι «μάγοι», όταν βγάζουν το κουνέλι από το καπέλο. Ένα είδος από ραβδί, είναι το σκήπτρο των βασιλέων, που σε αυτή την περίπτωση είναι το υπέρτατο σύμβολο εξουσίας στο γήινο περιβάλλον. Το ραβδί στα αρχαία χρόνια, ήταν συνδεδεμένο με την ΕΥΛΟΓΙΑ εξ ουρανού! Επιφορτισμένη να δίνει την ευλογία που ταυτίζονταν με την ΑΦΘΟΝΙΑ, ήταν κύρια η πολύμορφη ΡΕΑ με την μορφή της ΦΥΣΗΣ!

Κόσμημα όμως της Μινωικής εποχής μας αποκαλύπτει, ότι μπορούσαν να δώσουν ΕΥΛΟΓΙΑ και ο υπέρτατος ΗΛΙΟΣ, αλλά και ο Διόνυσος Ζαγρέας (ο τριαδικός θεός/Αγία Τριάδα ΗΛΙΟΣ, ΡΕΑ, ΔΙΟΝΥΣΟΣ ΖΑΓΡΕΥΣ). Μάλιστα, το κεντρικό ραβδί στο κόσμημα που αναλογεί στην ευλογία του ΗΛΙΟΥ, είναι μεγαλύτερο των άλλων! Στην διάρκεια του ύμνου και οι τρεις καλούνται να δώσουν την ευλογία τους. Το ραβδί αυτό, στο οποίο απέβλεπαν όλοι να δεχτούν την χάρη του, υπήρξε και από μόνο του αντικείμενο λατρείας, όπως από την φωτογραφία αποδεικνύεται!

14. ΚΕΡΑΤΟ:   6 σύμβολα -ΟΜΟΟΥΣΙΟΣ του Πατέρα

Χωρίς αμφιβολία πρόκειται για το κέρατο που συμβολίζει τον Διόνυσο Ζαγρέα! Θα μπορούσε να είναι κέρατο ταύρου, που παραπέμπει στον πατέρα του ΗΛΙΟ, αλλά θα μπορούσε να είναι και κέρατο τράγου που είναι απαράλλακτο! Είναι γνωστό, ότι ο τράγος είναι το ζώο του ΖΑΓΡΕΑ και είναι επιλεγμένο να προσομοιάζει με τον ταύρο του ΗΛΙΟΥ. Όχι μόνο στα κέρατα, αλλά και στη σωματοδομή τα δυο ζώα είναι ίδια! Στον ύμνο αναφέρεται πλην μιας φοράς, πάντα με τον αετοφόρο Δία, ο οποίος ήταν ενδιάμεσος και εκτελούσε την βούληση του ΗΛΙΟΥ! Με την πάγια τακτική του ο ιερέας, περιγράφει τον Ζαγρέα, χωρίς να τον ονομάζει!

12. UPSILON:  4 symbols – CARE focused

Much later the letter UPSILON (Y), which is nothing more than a FUNNEL, played its role in the meaning of words! The predecessor of upsilon with its representative property, appeared for the first time on the Disc of Phaestus. "Accumulation of energy from above and channeling to one point" is the definition of its appearance! This is exactly what the priest invokes in the hymn!

13. WAND - SCEPTER:   11 symbols – BLESSING

In fairy tales the magic wand is held by fairies who in one touch fulfill little children's wishes. "Magicians" also hold it when they pull a rabbit out of a hat. A kind of wand is the kings' scepter which in this case is the ultimate symbol of power on earth. The wand in ancient times was linked with the BLESSING from the sky! Charged with giving this blessing that identified with ABUNDANCE, was mainly the Polymorphous RHEA in the shape of NATURE!

A jewel from the Minoan era reveals that the ultimate SUN as well as Dionysus Zagreus (the triadic God/ holy Trinity, SUN, RHEA, DIONYSUS ZAGREUS) could bestow the BLESSING. In fact, the center wand in the jewel that corresponds to the blessing of the SUN, is larger than the other two. During the hymn all three are called upon to give their blessing. This wand to which all were expecting to receive its grace, was on its own an object of worship as is proven by the photograph!

14. HORN:   6 symbols – CONSUBSTANTIAL with the Father

Without doubt this is the horn that symbolizes Dionysos Zagreas! It could be a bull horn, that refers to his father the SUN, but it could also be a goat horn which is identical! It is known that the goat is ZAGREAS's sacred animal and it's chosen so it resembles closely with the SUN's bull. Not only they have identical horns but have identical body types as well! In the hymn it normally appears with the eagle-bearing Zeus, except once, and this eagle-bearing Zeus was the go-between who carried out the will of the SUN! Following his standard procedure the priest describes Zagreas without naming him!

15. ΑΕΤΟΣ:   5 σύμβολα ΑΕΤΟΦΟΡΟΣ

Το μυστικό του αετοφόρου Δία, ήταν ότι αυτός ήταν ο ΗΛΙΟΣ επί γης! Το πουλί του ΗΛΙΟΥ που ήταν ο αετός, υπήρξε το μέσον επικοινωνίας που έφερνε εντολές στον Δία! Στον Δίσκο μάλιστα, φαίνεται ο αετός να μεταφέρει το μήνυμα! Με αυτήν ακριβώς την λογική, ο Ζαγρέας είναι υιός του ΗΛΙΟΥ και ας εμείς ξέρουμε τον Δία για πατέρα! Και σε άλλα πολλά γεγονότα που εμπλέκεται ο Δίας, όπως η αρπαγή της Ευρώπης, έργο του ΗΛΙΟΥ ήταν στην πραγματικότητα!

Η απόλυτη επιβεβαίωση έρχεται από Μινωικό δαχτυλίδι, όπου ο αετός κουρνιάζει πίσω από τον θρόνο του Δία. Σε μια ασυνήθιστη για Δία παράσταση, δέχεται κρασί στο ρυτό (ποτήρι) που κρατάει. Όπως και σε νομίσματα αιώνες αργότερα, ο αετός είναι πάντα σε ετοιμότητα! Ότι στον Δίσκο αναφέρεται πάντα μαζί με τον Διόνυσο Ζαγρέα, δείχνει ότι διεκπεραίωνε και την επικοινωνία ΖΑΓΡΕΑ – ΗΛΙΟΥ!

16. ΠΕΤΑΣΟΣ:   1 σύμβολο - ΑΓΡΟΤΕΣ

Ήταν το κατ' εξοχήν καπέλο των αγροτών, που τους προφύλασσε από τις καιρικές συνθήκες. Με βάση τις περιοχές που εμφανίζεται ο πέτασος σε νομίσματα, αυτό ήταν Πελασγικό! Το νόμισμα της εικόνας μας προέρχεται από την καθαρά αγροτική πόλη ΤΡΑΓΙΛΟ της Βισαλτίας. Φαίνεται λοιπόν, αφού υπάρχει σαν σύμβολο στον Δίσκο, να επαληθεύει θεωρίες περί οικουμενικότητας των Πελασγών στην πρώτη ήπειρο!

17. ΠΑΡΑΠΟΜΠΗ: 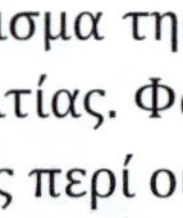 12 σύμβολα - ΟΔΗΓΟΣ

Είναι ακριβώς αυτό που φαίνεται, Παραπέμπει, δείχνει, οδηγεί! Είναι το μοναδικό αφηρημένο σύμβολο στον Δίσκο.

15. EAGLE:   5 symbols – EAGLE-BEARER

The secret of the eagle-bearing Zeus was that he was the SUN on earth! The SUN's bird, the eagle, was the communication media that brought orders to Zeus! In fact, on the Disc the eagle is depicted carrying the message! According to this logic, Zagreus is the son of the SUN despite that we knew Zeus to be his father! Even in other events wherein Zeus is involved, like the rape of Europe, it was in fact the SUN acting!

The absolute confirmation comes from a Minoan ring, where the eagle perches behind Zeus's throne. In an unusual depiction of Zeus, he receives wine in a rhyton (wine cup). As in coins centuries later the eagle is always on standby mode! That he (the eagle) is always shown with Dionysos Zagreus is further proof that he (the eagle) also established communication between ZAGREAS – SUN!

16. PETΛSOS:   1 symbol - FARMERS

It was the par excellence farmers hat that protected them from the weather. Based on the areas where the petasos appears on coins, this (the hat) was clearly Pelasgic! The featured coin comes from the purely farm town of TRAGILOS of Visaltia in Macedonia. It seems then, since it appears as a symbol on the Disc, to confirm the theories of the worldwide spread of the Pelasgians on the first continent!

17. REFERENCE:  12 symbol - GUIDES

This is exactly what it appears to be. It refers to, shows, guides! It is the only abstract symbol on the Disc.

18. ΜΗΤΕΡΑ ΓΗ:   4 σύμβολα – ΜΗΤΕΡΑ ΓΗ

Είναι καταπληκτικό, πως στην μικρογραφία του Δίσκου, μπορούμε να διακρίνουμε τόσες λεπτομέρειες, όπως τα σταυρωμένα στο στήθος χέρια και την φαρδιά λεκάνη, ώστε να μπορούμε να την συνδέσουμε με το αγαλματίδιο! Πρόκειται βέβαια, για ακόμα μια μορφή της πολύμορφης ΡΕΑΣ, που αργότερα την γνωρίσαμε σαν ΔΗΜΗΤΡΑ! Η φανερά αυτή «πληθωρική» γυναίκα, που έπρεπε να είναι έτσι για να συμβολίζει και την αφθονία της γης, συνδυάζεται στον Δίσκο μαζί με το μοναδικό σύμβολο των αγροτών!

19. ΠΕΡΙΣΤΕΡΙ:   3 σύμβολα - ΕΞΑΓΝΙΣΜΟΣ

Το περιστέρι ανήκε στην πολύμορφη ΡΕΑ και τον ρόλο του εξαγνισμού δεν τον έχασε έως σήμερα! Ήταν το πνεύμα της θεάς και συμπλήρωνε τον τριαδικό θεό των Μινωιτών! ΠΑΤΗΡ (ΗΛΙΟΣ), ΥΙΟΣ (ΖΑΓΡΕΑΣ), ΑΓΙΟ ΠΝΕΥΜΑ (ΡΕΑ)! Το περιστέρι μας αποκαλύπτεται στο χέρι της θεάς και σε χώρους μυήσεων, όπου η παρουσία του ήταν απαραίτητη!

20. ΔΙΔΥΜΟΙ ΛΟΦΟΙ:  2 σύμβολα – ΔΙΔΥΜΟΙ ΛΟΦΟΙ

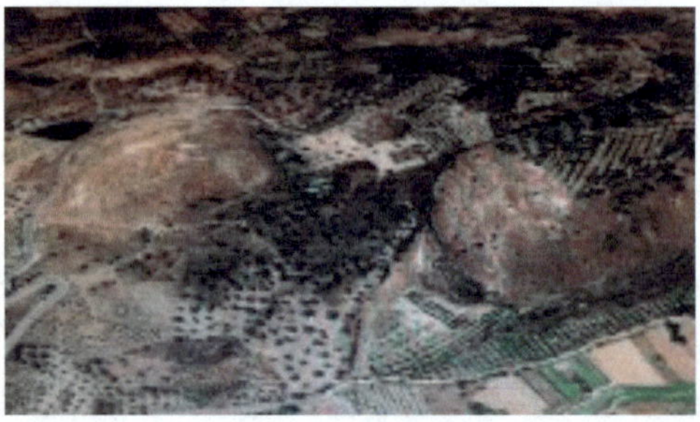

Είναι ένα σύμβολο πραγματική εικόνα, που σχετίζεται με την μορφολογία εκεί στο ανάκτορο της Φαιστού! Η αρχαία πόλη, υπήρχε επάνω σε μια χαμηλή χερσόνησο μέσα στην τεχνητή λίμνη που διέσχιζε ο Ιεροπόταμος. Στην άκρη της, υπήρχε ο ένας λόφος του ανακτόρου και δίπλα ακριβώς ένας άλλος ισοϋψής! Στο σύμβολο του Δίσκου, στο κάτω μέρος διακρίνονται δυο κυματιστές γραμμές, που αναπαράσταιναν την λίμνη! Είναι λογικό, εκεί στο ανάκτορο, όπως παρακάτω ο Δίσκος μας αποκαλύπτει, να ήταν ο χώρος τελετών και τόπος συνάθροισης της γιορτής, με τους δίδυμους λόφους «σήμα κατατεθέν» και γνώρισμα της Φαιστού!

18. MOTHER EARTH:   4 symbols – MOTHER EARTH

It is amazing that in the micrography of the Disc we can discern so many details, like the crossed hands on the chest and the wide pelvis allowing us to connect her with the statuette! Of course, this is another form of the polymorphous RHEA, who later we meet as DEMETER! This obviously "voluptuous" woman, who had to be depicted thus as to symbolize the Earth's abundance, combines on the Disc with the unique symbol of the farmers!

19. PIGEON:   3 symbols - PURIFICATION

The pigeon belonged to the polymorphous RHEA and it didn't lose its role as a purifying symbol till this day! It was the spirit of the goddess and completed the triadic god of the Minoans! FATHER (SUN), SON (ZAGREUS), HOLY SPIRIT (RHEA)! The pigeon is revealed to us in the hand of the goddess and in initiation places where its presence was mandatory!

20. TWIN HILLS:  2 symbols – TWIN HILLS

This symbol is an actual picture of the ground morphology at the palace of Phaestos! The ancient city stood in a low peninsula in the artificial lake that the river Hieropotamos ran through. At the end of the city there was one hill beside the palace and right next to it the other hill of the same height! On the symbol on the Disc at the bottom, two curves are easily seen that represented the lake with the adjacent hills! It is reasonable that there at the palace, as is revealed further down on the Disc, there existed the area of gathering and ceremonies with the twin hills as the "trademark" landmark of Phaestos!

21. ΠΟΔΙ ΤΡΑΓΟΥ - ΤΑΥΡΟΥ:   2 σύμβολα - ΙΕΡΟΤΕΛΕΣΤΙΕΣ

Σε έναν συμβολισμό στην Μακεδονία των αρχαϊκών χρόνων, το αριστερό πόδι του σατύρου ακόλουθου του ΖΑΓΡΕΑ, ανήκει σε τράγο - ταύρο! Το άλλο νόμισμα από την κλασική αρχαιότητα μας φανερώνει ότι το σύμβολο των ιεροπραξιών, με τις οποίες τιμούσαν τον Διόνυσο Ζαγρέα, ήταν αυτό το πόδι! Σε κοινές ιεροπραξίες με τον ΠΑΤΕΡΑ ΗΛΙΟ και σε κυκλικό ιερό μέσα όπως το νόμισμα φανερώνει!

22. ΒΑΡΚΑ:  7 σύμβολα - ΨΑΡΑΔΕΣ

Σχηματικά το σύμβολο επάνω στον Δίσκο, είναι η βάρκα από την Μινωική εποχή, όπως την βλέπουμε και στο δαχτυλίδι. Η παρουσία της εκεί αφορά τους ψαράδες, οι οποίοι όπως θα δούμε και στην συνέχεια, έχουν την τιμητική τους σε αυτήν την γιορτή.

23. ΨΑΡΙ:   6 σύμβολα - ΨΑΡΙΑ

Βασικότατο είδος διατροφής ήταν το ψάρι για την Μινωική κοινωνία. Με επιπλέον αναφορές στους ψαράδες, στα σπίτια τους, αλλά και στην λίμνη στον ύμνο, επρόκειτο χωρίς αμφιβολία για την γιορτή του ψαριού! Σαν σύμβολο επάνω στον Δίσκο, είναι ακριβώς αυτό που φαίνεται!

21. GOAT- BULL LEG:   2 symbols – SACRED RITES

In a symbolism of Macedonia of the archaic times, the left leg of the Satyrus follower of ZAGREUS belongs to a goat-bull! The following coin from classical times reveals that the symbol of the holy rites of Dionysus Zagreus was exactly this leg! Furthermore, the reverse of this coin reveals that there were common rituals with the FATHER SUN as the leg (ZAGREUS) within the circle (SUN) symbolizes!

22. BOAT:  7 symbols - FISHERMEN

The symbol on the Disc is a boat from the Minoan times as we can also clearly see it on the Minoan ring. The presence of the boat on the Disc is all about the fishermen, who, as we will see later on, are the honored party in this feast.

23. FISH:   6 SYMBOLS - FISHES

The fish was the main staple food for the Minoans. With further reports about the fishermen, their homes and the lake in the hymn we can certainly conclude that this was a festival about fish! As a symbol on the Disc it is exactly what it appears to be!

Σε ένα περιβάλλον λίμνης όπου ο Ιεροπόταμος ανανέωνε τα νερά, αφού έμπαινε και έβγαινε στην λίμνη πριν εκβάλει στην θάλασσα, υπήρχαν ψάρια σε εξαιρετικά μεγάλες ποσότητες. Αυτό θεωρήθηκε δώρο θεού και οι διαχειριστές αυτού ψαράδες, ήταν υποχρεωτικά μυημένοι. Αυτό εξηγεί την εκτενή αναφορά τους στον Δίσκο, ακόμα και για τα κυκλικά σπίτια τους. Στην φωτογραφία βέβαια, όπου ο ψαράς έχει βαμμένο το κρανίο με το ιερό μπλε χρώμα, επιβεβαιώνει τα περί μυημένων. Φαίνεται ακόμα από αναφορές στον Δίσκο, ότι την ημέρα εκείνη οι πιστοί, κατανάλωναν ψάρια.

24. ΚΑΡΑΒΙ:   1 σύμβολο - ΚΑΡΑΒΙΑ

Είναι σαφές, ότι το σύμβολο που απεικονίζεται στον Δίσκο, ανταποκρίνεται σε Μινωικό καράβι όπως το βλέπουμε στην τοιχογραφία! Το πραγματικό μέγεθος του καραβιού, το αντιλαμβανόμαστε από τα πολλά κουπιά, που σε μια εικαστική άποψη, έρχονται σε αντίθεση με τα υπερμεγέθη άτομα στο κατάστρωμα!

Σε ένα ιδιαίτερο σημείο του Δίσκου και οπωσδήποτε όχι τυχαία, υπάρχει ευχή για τα καράβια της ανοιχτής θάλασσας. Το μισό διάστημα του στίχου ανήκει στην σπείρα και προσφέρει διέξοδο στην περιφέρεια! Η περιφέρεια του ζωδιακού κύκλου, συμβολίζει τα υπερπόντια μέρη, στα οποία ταξίδευαν οι Μινωίτες!

25. ΔΑΔΑ:   4 σύμβολα – ΦΩΤΙΣΜΟΣ

Είδος δάδας με πυργωτό το επάνω μέρος της είναι αυτή στον Δίσκο και η λειτουργία της είναι και ο συμβολισμός της μέσα στον ύμνο! Έχει την έννοια του φωτισμού από άνωθεν, όπως και σήμερα όταν λέμε, «να σε φωτίσει ο θεός».

26. ΕΛΑΙΟΔΟΧΕΙΟ:   18 σύμβολα - ΑΦΘΟΝΙΑ

Φαίνεται να ήταν κάποιου είδους δοχείο από τα δεκάδες διαφορετικά που είχαν οι Μινωίτες. Με 18 επαναλήψεις στον ύμνο, δεύτερο στη σειρά μετά το σύμβολο της ΠΡΟΣΤΑΣΙΑΣ, δεν μπορεί να είναι τίποτα άλλο, παρά η ευχή για ΑΦΘΟΝΙΑ! Δοχείο φύλαξης λαδιού προφανώς, μια και το λάδι ήταν δείκτης ΑΦΘΟΝΙΑΣ!

In a lake environment, where Hieropotamos (Holy river) renewed the waters, since he entered and exited the lake before reaching the sea, there was fish in great abundance. This was considered a gift from God and its managers were by necessity initiated. This explains the extensive report of fish on the Disc as well as their circular homes. In the picture on the left the fisherman has his skull painted with the holy color blue, which is proof of his identity as an initiate. It is also evident from references on the Disc that the faithful consumed fish that day.

24. SHIP:  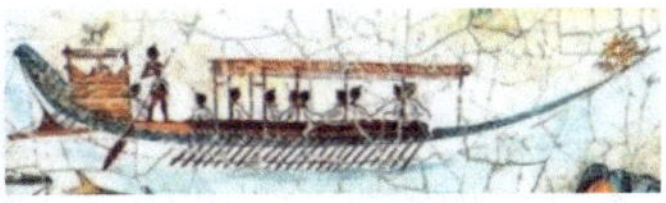 1 symbol – SHIPS

It is clear, that the symbol appearing on the Disc, corresponds to a Minoan ship as we see it on the wall fresco! The true size of the ship we perceive by the many oars, that in an artistic rendering, contrast with the supersized people on deck!

On a special place on the Disc and definitely not random, there is a wish for the open sea ships. Half of the verse space belongs to the spiral and presents an opening to the circumference! The circumference of the zodiac circle, symbolizes the transatlantic places where the Minoans used to travel!

25. TORCH:   4 symbols – SHED LIGHT

A kind of torch with tower like top is the one on the Disc and its function is its symbolism in the hymn! It has the meaning of light from above as even today we say, "may God shed light on you" (this is a very popular saying among the Greeks).

26. OIL CAN: 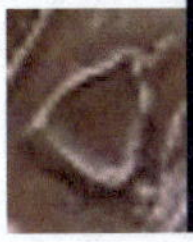  18 symbols - ABUNDANCE

It appears to be a kind of container from the dozens used by the Minoans. With 18 repetitions in the hymn, second in line after the symbol of PROTECTION, it cannot be anything other than the wish for ABUNDANCE! Obviously, a container for keeping olive oil, since olive oil was an indication of ABUNDANCE!

27. ΣΚΑΡΑΒΑΙΟΣ:   6 σύμβολα – ΔΥΝΑΜΗ, ΕΝΕΡΓΕΙΑ

Το κέλυφος μόνο του σκαραβαίου επάνω στον Δίσκο, συμβόλιζε τον ίδιο. Συμβόλιζε ΔΥΝΑΜΗ, ΕΝΕΡΓΕΙΑ, και υποσχόταν ΓΟΝΙΜΟΤΗΤΑ στις γυναίκες. Συμβόλιζε ακόμα και υπήρχε προσδοκία ΑΝΑΓΕΝΝΗΣΗΣ και ΑΙΩΝΙΑ ΖΩΗΣ για τους ένδοξους νεκρούς. Ανήκε στον ΗΛΙΟ και ήταν το πιο διαδεδομένο αναθηματικό σε όλο τον αρχαίο κόσμο.

28. ΚΟΤΣΙ:   2 σύμβολα - ΕΥΔΑΙΜΟΝΙΑ

Πριν από την τελετή, ο υπό μύηση άνθρωπος, άφηνε το γουρουνάκι που είχε μαζί του στους υπηρέτες του ναού! Γινόταν η θυσία του ζώου, άρχιζε η διαδικασία μύησης, με το γουρουνάκι να γίνεται ψητό! Στο γεύμα που ακολουθούσε, η μερίδα του ήδη μυημένου, ήταν το κότσι! Τα δυο κόκαλα στο κότσι, με τη σύνδεση στο χόνδρο επάνω, έκρυβαν τον συμβολισμό, στον οποίο είχε αφιερωθεί πλέον με τη μύησή του ο μυημένος! Συμβόλιζαν, το λεπτό κόκκαλο την εξάρτηση (χόνδρος) που έπρεπε να νιώθει ως προς το θείο (χονδρό κόκαλο) ο μυημένος. Τα έπαιρνε στο σπίτι του και θα υπήρχαν σε όλη του την ζωή εκεί, για να του θυμίζουν το αδιάκοπο κυνήγι της ευδαιμονίας, στο οποίο πλέον ήταν ταγμένος.

29. ΧΕΡΙ:   5 σύμβολα - ΓΕΝΝΑΙΟΔΩΡΙΑ

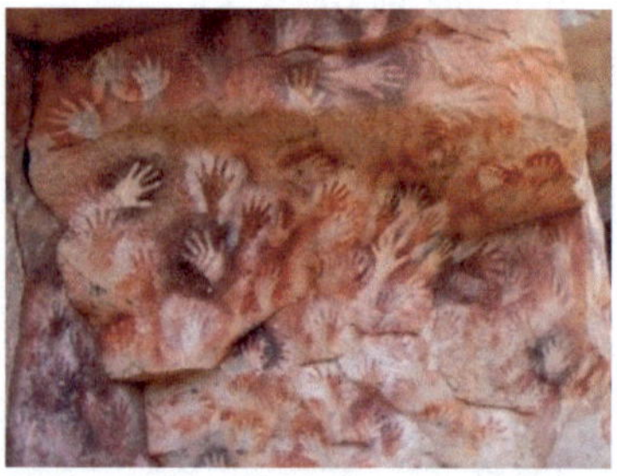

Η γενναιοδωρία της θεάς, εκφραζόταν στα νομίσματα με υπερμεγέθη χέρια ή με πρόταση των παλαμών που δείχνουν να αποδέχονται! Επρόκειτο για την προσδοκία των ανθρώπων προς την πολύμορφη ΡΕΑ και θεά της φύσης, ώστε να φανεί αυτή γεναιόδωρη! Αυτό το χέρι της θεάς απεικονίστηκε επάνω στον Δίσκο, και εξέφραζε την ευχή για γενναιοδωρία!

Πανάρχαια ήταν η ανύψωση των χεριών προς τον ουρανό, όπως βραχογραφίες της παλαιολιθικής εποχής αποδεικνύουν! Αιώνια ικεσία των ανθρώπων προς τους επουράνιους για αγαθά και φροντίδα! Όπως ο Δίσκος δείχνει, αυτή η επιθυμία παρέμενε απαράλλαχτη και στα Μινωικά χρόνια.

27. SCARAB:   6 symbols – POWER, ENERGY

The scarab shell on the Disc symbolized the scarab himself. He symbolized POWER, ENERGY, and promised FERTILITY to women. Furthermore, he symbolized -and there was an expectation- of REBIRTH and ETERNAL LIFE for the glorious dead. He belonged to the SUN and was the most popular votive offering in the ancient world.

28. PORK KNUCKLE BONE:   2 symbols - BLISS

Before the initiation ritual, the initiate left his piglet with the temple attendants! The sacrifice of the piglet took place, and the piglet was roasted! In the meal that followed, the initiated received his share of the piglet which was the pork knuckle bone! The two bones on the knuckle symbolized the initiation received! The thin bone of the two symbolized the dependence (cartilage) that the initiated had to feel towards the divine (thick bone). The initiated would take the pork knuckle bone home so he would be reminded forever the never ending pursue of happiness after which he was now dedicated.

29. HAND:   5 symbols - GENEROSITY

The goddess's GENEROSITY, was expressed on coins with oversized hands or with open extending receiving palms! This expressed people's expectation towards the polymorphous Rhea and goddess of nature, to show her GENEROSITY! This hand of the goddess was depicted on the Disc and expressed the wish for GENEROSITY!

The raising of hands towards the sky was a most ancient custom, as cave paintings of the paleolithic era prove! Eternal supplication from the people to the celestial ones for goods and care! As the Disc shows, this desire remained unchanged even in Minoan times.

30. ΙΕΡΟΣ ΤΟΠΟΣ:  1 σύμβολο – ΙΕΡΟΣ ΤΟΠΟΣ

Επρόκειτο για τον πραγματικό χώρο τελετών και πιστή αντιγραφή του τόπου συνάθροισης για την γιορτή! Από την ροή του ύμνου προκύπτει, ότι αυτός βρισκόταν στους δίδυμους λόφους πλησίον ή και μέσα στο χώρο των ανακτόρων! Πιθανότατα ο απαραίτητος βωμός για τις θυσίες, υπήρχε εκεί στο κάτω μέρος, όπου φαίνεται να υπάρχει μια μπίλια! Μαζί με την ΛΙΜΝΗ και τους ΔΙΔΥΜΟΥΣ ΛΟΦΟΥΣ, ήταν τα τρία τοπογραφικά σύμβολα του Δίσκου.

Αν θεωρήσουμε αληθινή την σύνδεση του αρχαίου Ελληνικού πολιτισμού με το νησί του Πάσχα, τότε μπορεί να ισχύσει μια ενδιαφέρουσα θεωρία! Παίρνουμε αφορμή από τον παράξενο κάλαθο της Δήμητρας, που πανομοιότυπος υπάρχει και σε αγάλματα στο νησί! Θα μπορούσε δηλαδή, ο ιερός τόπος της Φαιστού να αντιγράφει το νησί του Πάσχα, σαν υπέρτατος τόπος λατρείας των Μινωιτών; Πρέπει να λάβουμε υπόψη, ότι αυτό το νησί είναι το πιο απομονωμένο σημείο του πλανήτη και αυτό φαίνεται να το είχαν διαπιστώσει εύκολα οι πλανητάρχες Μινωίτες! Βρέθηκαν βέβαια κάποιου είδους ιερογλυφικά όπως τα είπαν, αλλά κανένας δεν τα είδε!

Εκεί στο επάνω μέρος, στην «καμπούρα» του νησιού και προς τα αριστερά, είναι το πάνω από 500 μέτρα ψηλό ηφαίστειο! Θα μπορούσε αυτό να είναι το επάνω μέρος του συμβόλου που εμφανίζεται στον Δίσκο της Φαιστού! Θα μπορούσε και να μην είναι έτσι και απλά να άλλαξε με τις χιλιετίες η ακτογραμμή στα αριστερά! Θεωρώ όμως ότι ισχύει το πρώτο και έτσι να απεικόνισαν το ιερό βουνό ηφαίστειο, μια και εκεί στρέφονται όλα τα παράκτια αγάλματα που περιμετρικά είναι στο νησί! Για το κάτω μέρος του συμβόλου, δεν έχω να πω πολλά. Ο τεράστιος κρατήρας του άλλου ηφαιστείου που υπάρχει και σημειώνεται με μπίλια επάνω στο σύμβολο, τα λέει όλα!

30. HOLY SITE:  1 symbol – HOLY SITE

This was the real place for rituals and the exact depiction of the gathering site for the feast! From the flow of the hymn we can conclude that this site was at the twin hills close or even inside the palace! Most likely the necessary altar for the sacrifices was at the bottom where appears to be a sphere on the actual symbol! Together with the LAKE and the TWIN HILLS, were the three topographical symbols of the Disc.

If we regard as true the connection of the ancient Greek civilization with the Easter Island, then a very interesting theory applies! We base this theory on the strange basket that sits on the head of Demeter that is identical with the ones found sitting on some of the heads of the Easter Island statues! Could it be that the holy site at Phaestus copies that of the Easter Island, which was the holiest worship site of the Minoans? We must take into consideration, that Easter Island is the most isolated spot on the planet and this fact appears to have been known by the planetarchs (planet rulers) Minoans! There were found on Easter Island some hieroglyphs, as they were called, but no one has seen them ever since!

On the top part of Easter Island, on the island's "hump" and towards the left is the 1,500 feet tall volcano! This could easily be the top part of the symbol that appears on the Disc of Phaestus! It could be differently and simply the coastline changed to the left over the millennia! I think though that the first theory is correct and that is how they depicted the holy mountain volcano, since all the coastline statues on the island face towards it! For the bottom part of the symbol, I do not have much to say. The enormous crater of the other volcano that exists and is depicted as a small dot at the bottom of the symbol says it all!

31. ΦΩΤΙΑ:  6 σύμβολα - ΑΙΩΝΙΑ

Το άσβεστο και άρα αιώνιο πυρ, που έκαιγε στα Καβείρια ιερά, φαίνεται ότι υπήρχε και στα Μινωικά χρόνια. Το σύμβολο είναι σαφέστατο σε σχέση με το πυρ των σύγχρονων Ολυμπιακών αγώνων, που το αναπαρασταίνει άψογα! Το ΑΙΩΝΙΟ λοιπόν, ήταν αυτό που ήθελαν να συμβολίσουν οι Μινωίτες, με αυτό το παραστατικό σύμβολο.

32. ΓΥΝΑΙΚΑ:  1 σύμβολο - ΓΥΝΑΙΚΕΣ

Σε μια κατά σειρά τέλεια διάταξη 242 συμβόλων στον Δίσκο, δεν μπορεί να είναι τυχαίο ότι σε μια μοναδική περίπτωση, το σύμβολο του ΟΥΡΑΝΟΥ εφάπτεται με την ΓΥΝΑΙΚΑ! Ήθελαν να συμβολίσουν έτσι οι Μινωίτες, την Μητριαρχία της ΜΕΓΑΛΗΣ ΜΗΤΕΡΑΣ, που βέβαια ήταν επουράνια! Όσον αφορά την γυναίκα, έχει την κλασική στάση των τοιχογραφιών!

33. ΜΕΛΙΣΣΑ:  3 σύμβολα – ΙΕΡΕΙΑ ΜΕΛΙΣΣΑ

Μέλισσες θεωρούνταν στην αρχαιότητα οι ιέρειες της Δήμητρας και της Αρτέμιδας. Αν θεωρήσουμε όμως ότι αυτές ήταν μορφές της Ρέας, τότε ΜΕΛΙΣΣΑ ήταν η ίδια η Πολύμορφη. Αυτό ακριβώς μας δείχνει το νόμισμα, όπου η Ρέα σε σχήμα μέλισσας, έχει εκατέρωθεν τις δυο προστάτιδες σφίγγες που την χαρακτηρίζουν! Μέλισσες ονομάζονταν λοιπόν οι ιέρειες για χάρη της θεάς τους και στο όνομα αυτής ιερουργούσαν.

Ήταν ένα από τα κύρια χαρακτηριστικά της Μινωικής κοινωνίας και απεικονίζονταν σε δαχτυλίδια σαν γυναίκες, ακόμα και ιπτάμενες, με φτερά μέλισσας! Μαζί με τον σκαραβαίο, ήταν το ενδεδειγμένο φυλαχτό σε μορφή κοσμήματος. Στον Δίσκο συνδέονται με τους μυημένους, αφού αυτές επιλαμβάνονταν της μύησης.

31. FIRE:  6 symbols - ETERNAL

The inextinguishable and thus eternal fire that burned at the Kabeirian sanctuaries, appears to have existed in Minoan times. The symbol is most clear in connection with the fire of our modern Olympic games, which it represents flawlessly! The eternal then was what the Minoans wanted to represent with this graphic symbol on the Disc.

32. WOMAN:  1 symbol - WOMEN

In an in-line perfect arrangement of symbols on the Disc, it cannot be a coincidence that in a unique case, the symbol of OURANOS (SKY) touches the symbol for WOMAN! The Minoans in this way wanted to symbolize the Matriarchy of the GREAT MOTHER (Rhea), who definitely was celestial! Regarding the representation of this woman, she has the classical posture as seen on the wall paintings!

33. HONEYBEE:  3 SYMBOLS – HONEYBEE PRIESTESS

Honeybees were considered in ancient times to be the priestesses of Demeter and Artemis. If we view these two (Demeter and Artemis) as forms of Rhea, then the HONEYBEE is the POLYMORPHOUS Rhea herself. This is exactly what the coin shows, where Rhea in the shape of a honeybee is flanked by the two protective sphinxes that characterize her! Thus, honeybees were called these priestesses for the sake of their goddess in whose name they performed holy rites.

She was one of the main characteristics of the Minoan society and was depicted on rings as women, oftentimes flying with honeybee wings. Together with the scarab, it was the appropriate talisman in a form of a jewelry. On the Disc the honeybees are connected with the initiates, since they undertook the initiation.

34. ΓΟΥΡΟΥΝΑΚΙ:   11 σύμβολα - ΜΥΗΜΕΝΟΙ

Άμεση σύνδεση δίνει το γουρουνάκι με τα πολύ μεταγενέστερα Ελευσίνια μυστήρια, κατ' επέκτασιν την Καβείρια λατρεία και βέβαια την μυητική διαδικασία! Είναι ακόμα μια περίτρανη απόδειξη του Δίσκου, για την απαρχή της λατρείας των μυστηρίων που χάνεται στα βάθη των αιώνων! Τον καλύτερο τρόπο βρήκαν λοιπόν οι Μινωίτες, για να συμβολίσουν τους μυημένους επάνω στον Δίσκο.

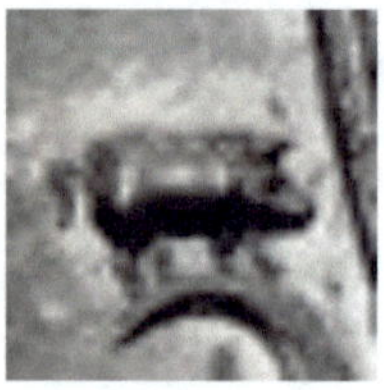

Εκατοντάδες νομίσματα του αρχαίου κόσμου, αλλά και αναθήματα, εκφράζουν την μυστηριακή Καβείρια λατρεία, με το γουρουνάκι!

35. ΣΠΙΤΙ:  6 σύμβολα - ΛΙΜΝΟΣΠΙΤΑ

Είναι βέβαιο με την ακρίβεια που επικρατεί στα σύμβολα του Δίσκου, ότι το κυκλόσχημο σπίτι αναπαρασταίνει την Μινωική πραγματικότητα! Το ειδικά διαμορφωμένο ισόγειο, φανερώνει ότι είναι ΛΙΜΝΟΣΠΙΤΟ με μεγάλη θύρα για να εισέρχεται η βάρκα του ψαρά! Προφανώς από εκεί, είναι η εσωτερική είσοδος του σπιτιού, για τους δυο επάνω ορόφους και την σοφίτα, όπου ήταν το ιερό του σπιτιού! Ανάμεσα στους δυο ορόφους, υπάρχει κυκλική βεράντα γύρω-γύρω, με έξοδο αριστερά όπως φαίνεται. Δεν χωρεί αμφιβολία, ότι με τόσο πολλές αναφορές στους ψαράδες που ήταν και μυημένοι, στα ψάρια, αλλά και στα σπίτια τους, ότι η περιγραφόμενη γιορτή ήταν γι' αυτούς!

34. PIGLET:   11 symbols - INITIATES

There is a direct connection between the piglet with the much later Eleusinian mysteries, the Kabeirian worship and certainly the initiation process! It is another conspicuous proof on the Disc for the beginnings of the mysteries that is lost in time! The Minoans have invented the best way to depict the initiates on the Disc.

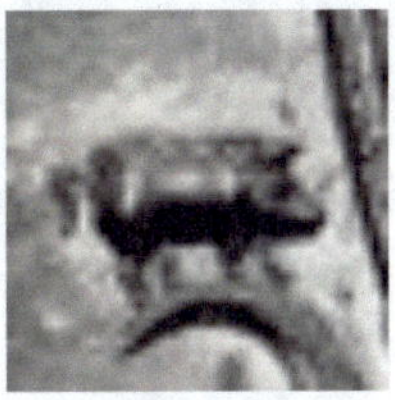

Hundreds of coins from the ancient world, as well as votive offerings, express the mystical Kabeirian worship with this piglet!

35. HOUSE:  6 symbols - LAKEHOUSES

It is certain based on the accuracy of the symbols on the Disc, that this circle-shaped house depicts the Minoan reality! The specially designed ground floor reveals that this is a LAKEHOUSE with a large door to allow the entry of the fisherman's boat! Obviously, from there was the internal entry of the house for the upper two floors and the attic, in which attic the house sanctuary was located! Between the two floors, there is a circular porch all around with an exit on the left. There is no doubt that with all these reports about the fishermen, -who were also initiated- the fish, and their homes that the described feast was dedicated to them!

36. ΚΡΙΟΣ:   1 σύμβολο – ΚΑΡΝΕΙΑ (εορτή)

Οι Ηλιακές γιορτές κατά την κλασική και μετέπειτα περίοδο, συμβολίζονταν με τον ΚΡΙΟ. Μια ιδιοτροπία της στάσης του κριού απέναντι στον Ήλιο, χαρακτήρισε αυτόν ΗΛΙΑΚΟ και όπου εμφανιζόταν έδειχνε Ηλιακή λατρεία, έως και τα Μεσαιωνικά χρόνια όπως το νόμισμα φανερώνει! Χαρακτηριστικό βέβαια του Κριού ήταν τα κέρατά του και αυτά έφεραν ο Κάρνειος Απόλλων, ο Άμμωνας Δίας, αλλά και ο Αλέξανδρος Ήλιος! Στην πόλη του ΗΛΙΟΥ Φαιστό, αλλά και στον ύμνο που έχει τον ΗΛΙΟ πρωταγωνιστή, είναι φυσικό να γίνεται αναφορά και στον Ηλιακό ΚΡΙΟ, που περισσότερο προσδιορίζει τον ιερό μάντη στον ίδιο στίχο!

37. ΚΑΠΑ:  2 σύμβολα - ΙΕΡΟΜΑΝΤΗΣ

Συμμετοχή στην γιορτή είχε και ο ιερός ΜΑΝΤΗΣ, το σύμβολο του οποίου ακολουθούσε στον Δίσκο τον ΚΡΙΟ. Ήταν πρωταγωνιστής κατά τα κλασικά χρόνια στα Ηλιακά «ΚΑΡΝΕΙΑ», που οπωσδήποτε κι αυτά είχαν τις ρίζες τους στην Μινωική εποχή! Η κάπα ήταν ένδυμα των μάντεων, τους χαρακτήριζε και ο γνωστός μάντης Τειρεσίας, την ίδια κάπα φορούσε!

38. ΚΛΑΔΙΑ ΑΝΘΙΣΜΕΝΑ:   4 σύμβολα - ΑΝΑΓΕΝΝΗΣΗ

Δυο κλαδιά ανθισμένα επέλεξαν οι Μινωίτες, για να συμβολίσουν την ΑΝΑΓΕΝΝΗΣΗ, που στον Δίσκο αφορούσε τους μυημένους. Η σύνδεση του συμβόλου με το γουρουνάκι (μυημένοι) στον Δίσκο, δεν αφήνει αμφιβολίες.

36. RAM:   1 symbol – KARNEIA (festival)

The Solar festivals during the classical and later periods were symbolized with the RAM. A peculiarity of the ram when facing the Sun labeled him as SOLAR and wherever he appeared he indicated the Solar worship, till Medieval times as the coin reveals! The main characteristic of course of the ram were his horns and horns also have the Carneian Apollo, Ammon Zeus, and Alexander the Sun! At the city of the SUN Phaestus, as well as in the hymn that has the SUN as protagonist, it is natural that there is mention to the Solar RAM, who further defines the holy seer in the same verse!

37. CAPE:  2 symbols –HOLY SEER

Participation in the feast had the holy SEER as well, whose symbol followed the RAM on the Disc. He was the protagonist during the classical times in the Solar "KARNEIA", that definitely had their roots in the Minoan era! The cape was the seers' dress, characterized them and the famous seer Teiresias wore this same type of cape!

38. BLOSSOMED BRANCHES:   4 symbols – REBIRTH

Two blossomed branches were chosen by the Minoans, to symbolize REBIRTH, which on the Disc referred to the initiates. The connection of this symbol with the piglet (initiates) on the Disc leaves no room for doubts.

39. ΛΑΜΔΑ:  5 σύμβολα – ΦΡΟΝΤΙΔΑ άνωθεν

Σχηματικά ο ορισμός του ΛΑΜΔΑ είναι, «από σταθερό σημείο ψηλά, διαχέουμε, ΦΩΣ, ΕΝΕΡΓΕΙΑ ή και ΜΕΡΙΜΝΑ σε κάποια επικράτεια»! Στα Μινωικά χρόνια, το ΛΑΜΔΑ είχε ουρά και υπονοούσε την ΟΥΡΑΝΙΑ ΠΟΛΙΤΕΙΑ! Εκεί έστρεφαν τις προσδοκίες τους οι Μινωίτες, για θεϊκή μέριμνα κυρίως! Και χωρίς «ουρά» αργότερα το ΛΑΜΔΑ, τον ίδιο χαρακτήρα είχε και δεν ήταν απλά το σύμβολο του ΗΛΙΟΥ μόνο!

40. ΔΟΝΤΙ ΚΑΠΡΟΥ:  2 σύμβολα – ΒΑΣΙΛΙΑΣ

Ήταν παράδοση στα αρχαία χρόνια, το κυνήγι κάπρου να είναι βασιλικό. Το τρόπαιο από το κυνήγι ήταν οι χαυλιόδοντες του ζώου. Στην παράσταση του νομίσματος από τα Ρωμαϊκά χρόνια, ο ΑΛΕΞΑΝΔΡΟΣ επιδίδεται σ' αυτό το κυνήγι. Ενισχύεται η άποψη ότι πρόκειται για δόντι κάπρου και τον βασιλιά, από το προηγούμενο σύμβολο στην ροή του ύμνου των δίδυμων λόφων, όπου υπήρχε το ανάκτορο.

41. ΚΟΧΛΙΑΣ:   2 σύμβολα – ΣΠΙΤΙ ΤΗΣ ΘΕΑΣ

Όταν ανασκάπτονταν η αρχαία Ελεύθερνα στην Κρήτη, ανάμεσα στα ευρήματα υπήρχαν και κοχύλια ΚΟΧΛΙΕΣ. Πέρασε απαρατήρητο το γεγονός, ότι στα Μινωικά χρόνια κάθε σπίτι είχε τον κοχλία του. Θεωρούνταν τότε (ο κοχλίας) η κατοικία της Πολύμορφης θεάς, ήταν ιερός και είχε το ρόλο εικονίσματος όπως σήμερα. Για να υποδείξει αυτό υπήρχε ο κοχλίας επάνω στον Δίσκο και μάλιστα φαίνεται να είχε και την βάση του.

42. ΛΙΜΝΗ:  1 σύμβολο – ΛΙΜΝΗ

Ίχνη φράγματος από την Μινωική εποχή που εντοπίστηκαν στο στενό των δίδυμων λόφων, αποδεικνύουν την ύπαρξη τεχνιτής λίμνης στην Φαιστό! Αυτή αποδεικνύεται άλλωστε και από τα λιμνόσπιτα, που πρέπει να ήταν πολλά στην κοινωνία της Φαιστού. Απεικόνησαν λοιπόν σχηματικά την λίμνη επάνω στον Δίσκο, με καμπύλη γραμμή για βυθό και κυματισμό στην επιφάνεια επάνω.

39. LAMBDA:  5 symbols – CARE from above

Schematically the definition of LAMBDA is "from a given point above, we diffuse LIGHT, ENERGY and even CARE in a territory"! In Minoan times LAMBDA had a tail and implied the CELESTIAL CITY! There the Minoans mainly turned their hopes for divine care! And without a "tail" later LAMBDA had the same character and it was not simply the symbol of the SUN!

40. BOAR TUSK:  2 symbols – KING

It was tradition in ancient times the hunting of boars to be royal! The trophy of this hunt was the boar's tusks. In the representation of a coin from Roman times, ALEXANDER engages in this type of hunting. The view that this is a boar tusk and the king, is further supported by the previous symbol of the twin hills where there was the palace.

41. COCHLEA:   2 symbols – GODDESS'S HOME

When ancient Eleutherna in Crete was being excavated, among the finding there were found seashell GOCHLEAS. It went unnoticed that in Minoan times, every home had its cochlea (seashell). It was considered back then the home of the goddess Polymorphos, was sacred and had the role of a holy image much like today our holy icons. To show this, the cochlea on the disc appears to have had a square base on which it stood.

42. LAKE:  1 symbol – LAKE

Remnants of the dam from the Minoan times that were found in the straight between the twin hills, prove the existence of a man-made lake in Phaestus! The existence of this dam is proven also from the lake houses that had to be many in the society of PHAESTOS. They represented the lake schematically on the disc, with a curve for its bottom and a ripple on the surface!

43. ΤΣΕΚΟΥΡΙ:   1 σύμβολο – ΚΥΝΗΓΙ

Επρόκειτο για το κυνηγετικό τσεκούρι των Μινωιτών, που διασώθηκε έως πρόσφατα σαν ΤΟΜΑΧΟΚ στα χέρια των Ινδιάνων της Αμερικής. Έτσι συμβολίστηκε το κυνήγι επάνω στον Δίσκο.

44. ΠΥΡΑΜΙΔΑ:  1 σύμβολο – ΠΡΟΣΔΟΚΙΕΣ

Πυραμίδα με την κορυφή κάτω χάραξαν οι Μινωίτες επάνω στον Δίσκο. Μια φορτωμένη θα λέγαμε πυραμίδα, μια και στο εσωτερικό της υπάρχουν 25 μπίλιες! Αριθμημένες επιθυμίες – προσδοκίες, που ικετεύουν οι άνθρωποι να εκπληρωθούν άνωθεν. Γι αυτούς, αλλά και για τον βασιλιά που αναφέρεται στον ίδιο στίχο.

Ο Ηλιακός υπολογιστής του Παλαίκαστρου στην Κρήτη, εικονίζεται με 25 ακτίνες, όπως και σε νόμισμα της Ελληνιστικής εποχής, οι ακτίνες είναι 25.

Στον αριθμό 25, στήριζαν οι αρχαίοι μια ολόκληρη θεωρία που αφορούσε κυρίως τις ισάριθμες ΑΡΕΤΕΣ που οδηγούν στο ΦΩΣ. Το 5 γεννά φως και το 5 Χ 5 = 25, είναι το υπέρτατο φως (ΗΛΙΟΣ).

45. ΠΑΙΔΙ:  1 σύμβολο – ΠΑΙΔΙΑ

Σαφώς μικρότερη η φιγούρα από τον άνδρα και την γυναίκα, μας δίνει το μέτρο να αναγνωρίσουμε ένα παιδί. Σε έναν ύμνο όπου παρελαύνει όλη η κοινωνία των Μινωιτών, δεν θα μπορούσαν να λείψουν τα παιδιά. Μία μόνο φορά εμφανίζεται το σύμβολο στον Δίσκο και συνοδεύεται στον ίδιο στίχο από τις κυριότερες ευχές.

43. AXE:   1 symbol – HUNTING

This is the hunting axe of the Minoans that was preserved as the TOMAHAWK till recently in the hands of the American Indians. That is how hunting was depicted on the disc.

44. PYRAMID:  1 symbol – EXPECTATIONS

A pyramid with the apex at the bottom was inscribed by the Minoans on the Disc. A loaded pyramid we could say, since inside it there are 25 spheres! Numbered desires-expectations, that people implore to have fulfilled from above. For them, as well as for the king who is mentioned in the same verse.

The Solar calculator of Palaikastro in Crete, is depicted with 25 rays, as it is on a coin of the Hellinistic period, the rays are 25.

On number 25, the ancients based an entire theory that had to do mainly with the equally numbered VIRTUES that lead to the LIGHT. Number 5 gives birth to light and the 5X5=25 is the ultimate light (SUN).

45. CHILD:  1 symbol – CHILDREN

Definitely smaller than a man or a woman this figure gives us the proper proportion to recognize a child. In a hymn wherein the entire Minoan society parades, children could not have been absent. This symbol appears only once on the Disc and is followed by the most important wishes.

Ο ένας από τους δίδυμους λόφους, όπου επάνω υπάρχει το ανάκτορο και γίνεται αναφορά στον ύμνο του Δίσκου. Η πεδιάδα στους πρόποδες, όπως την διακρίνουμε στην εικόνα, ήταν η τεχνητή λίμνη με τα λιμνόσπιτα και τα πολλά ψάρια.

The one of the twin hills, whereon there's the palace and is mentioned in the hymn of the Disc. The valley on the foothills, as we can see it in the image, was the artificial lake with the lake houses and a lot of fish.

ΥΜΝΟΣ ΤΗΣ ΦΑΙΣΤΟΥ Α΄ μέρος (part A)

Στίχος (VERSE) 1.

1.  <u>ΡΟΔΑΚΑΣ</u> (ROSETTE) - ΗΛΙΟΣ ΘΕΟΣ (SUN GOD) - ΕΠΟΥΡΑΝΙΟΣ (HEAVENLY) / ΖΩΟΔΟΤΗΣ (LIFE GIVER) - ΠΑΤΕΡΑΣ (FATHER)

2.  <u>ΙΕΡΕΑΣ</u> (PRIEST) – ΥΜΝΕΙ (PRAISES)

3.  <u>ΣΤΑΧΥ</u> (EAR) - ΚΑΡΠΟΣ (FRUIT) – ΚΑΡΠΙΖΕΙ (BEAR FRUITS)

 Heavenly FATHER  I worship and I praise You your PRIEST,  You, who makes the earth BEAR FRUIT.

ΠΑΤΕΡΑ επουράνιε / προσκυνώ και υμνώ Σε ο ΙΕΡΕΑΣ σου, / Εσένα που κάνεις την γη και ΚΑΡΠΙΖΕΙ.

Στίχος (VERSE) 2.

4.  ΜΙΝΩΙΤΗΣ (MINOAN) – ΑΝΘΡΩΠΟΣ (HUMAN) - ΕΡΧΕΤΑΙ (COMES)

5.  ΔΙΑΥΛΟΣ (DOUBLE FLUTE) – ΜΟΥΣΙΚΗ (MUSIC) – ΓΙΟΡΤΗ (FEAST/CELEBRATE)

-

 Look at the PEOPLE coming today,  and with MUSIC will celebrate.

Δες τους ΑΝΘΡΩΠΟΥΣ που έρχονται σήμερα / και με ΜΟΥΣΙΚΗ θα γιορτάσουν

Στίχος (VERSE) 3.

6.  ΣΥΜΒΟΛΟ (SYMBOL) - ΠΟΛΥΜΟΡΦΗ (POLYMORPHOS) – ΜΕΓΑΛΗ ΜΗΤΕΡΑ (GREAT MOTHER) – ΔΗΜΙΟΥΡΓΟΣ (CREATOR)

7.  ΡΑΒΔΙ ΑΣΚΛΗΠΙΟΥ (STAFF OF ASCLEPIUS) / ΥΓΕΙΑ (HEALTH)

8.  ΙΕΡΟ ΔΕΝΤΡΟ (SACRED TREE) / ΦΥΣΗ (NATURE) ΘΕΑ (GODDESS)

9.  ΔΕΡΜΑΤΑ ΤΑΥΡΟΥ (BULL SKINS) – ΘΥΣΙΑ (SACRIFICE)

10.  ΟΥΡΑΝΟΣ ΕΠΙΚΛΗΣΗ / ΠΡΟΣΦΩΝΗΣΗ (SKY – INVOCATION)

11.  ΠΟΛΕΜΙΣΤΗΣ (WARRIOR) ΠΡΟΣΤΑΣΙΑ (PROTECTION)

-

 and You I praise POLYMORPHOS, who all together the gods express You  who HEALTH gives  and NATURE commands  SACRIFICES we offer  O CELESTIAL ONE  to have PROTECTION.

Και Σε υμνώ ΠΟΛΥΜΟΡΦΗ που όλοι μαζί οι θεοί Σε εκφράζουν, / που ΥΓΕΙΑ δίνεις / και την ΦΥΣΗ ορίζεις. / ΘΥΣΙΕΣ θα κάνουμε / Ω ΕΠΟΥΡΑΝΙΑ / για να έχουμε ΠΡΟΣΤΑΣΙΑ.

Στίχος (VERSE) 4.

1.  ΡΟΔΑΚΑΣ (ROSETTE) - ΗΛΙΟΣ ΘΕΟΣ (SUN GOD) - ΕΠΟΥΡΑΝΙΟΣ (HEAVENLY) / ΖΩΟΔΟΤΗΣ (LIFE GIVER) - ΠΑΤΕΡΑΣ (FATHER)

2.  ΙΕΡΕΑΣ (PRIEST) – ΥΜΝΕΙ (PRAISES)

3.  ΣΤΑΧΥ (EAR) - ΚΑΡΠΟΣ (FRUIT) – ΚΑΡΠΙΖΕΙ (BEAR FRUITS)

-

 Heavenly FATHER  I worship and I praise You your PRIEST,  You, who makes the earth BEAR FRUIT.

ΠΑΤΕΡΑ επουράνιε / προσκυνώ και υμνώ Σε ο ΙΕΡΕΑΣ σου, / Εσένα που κάνεις την γη και ΚΑΡΠΙΖΕΙ.

Στίχος (VERSE) 5.

8. <u>ΙΕΡΟ ΔΕΝΤΡΟ</u> (SACRED TREE) / ΦΥΣΗ (NATURE) ΘΕΑ (GODDESS)

12. <u>ΣΥΜΒΟΛΟ</u> (SYMBOL) / ΣΤΕΛΝΩ ΣΤΟΧΕΥΜΕΝΑ ΑΠΟ ΨΗΛΑ (I SEND AIMFULLY FROM ABOVE)

13. <u>ΡΑΒΔΙ ΤΗΣ ΘΕΑΣ</u> (STAFF OF THE GODDESS) / ΕΥΛΟΓΙΑ (BLESSING)

 and You I praise GODDESS OF NATURE, eternal mother of all,  You who SEND from above  Your BLESSING.

Και Σε υμνώ, θεά της ΦΥΣΗΣ αιώνια Μητέρα των πάντων, / που από ψηλά μας ΔΙΝΕΙΣ / την ΕΥΛΟΓΙΑ Σου.

Στίχος (VERSE) 6.

4. <u>ΜΙΝΩΙΤΗΣ</u> (MINOAN) – ΑΝΘΡΩΠΟΣ (HUMAN) - ΕΡΧΕΤΑΙ (COMES)

5. <u>ΔΙΑΥΛΟΣ</u> (DOUBLE FLUTE) – ΜΟΥΣΙΚΗ (MUSIC) – ΓΙΟΡΤΗ (FEAST/CELEBRATE)

10. <u>ΟΥΡΑΝΟΣ</u> ΕΠΙΚΛΗΣΗ / ΠΡΟΣΦΩΝΗΣΗ (SKY – INVOCATION)

11. <u>ΠΟΛΕΜΙΣΤΗΣ</u> (WARRIOR) ΠΡΟΣΤΑΣΙΑ (PROTECTION)

 Look at the PEOPLE coming today,  and with MUSIC will celebrate. 

O CELESTIAL ONES  they seek your PROTECTION.

Δείτε τους ΑΝΘΡΩΠΟΥΣ που έρχονται σήμερα / και με ΜΟΥΣΙΚΗ θα γιορτάσουν / Ω ΕΠΟΥΡΑΝΙΟΙ. / Την ΠΡΟΣΤΑΣΙΑ Σας επιζητούν.

1ST CHAPTER.

VERSE 1.  Heavenly FATHER I worship and I praise You your PRIEST, You, who make the earth BEAR FRUIT.

VERSE 2.  Look at the PEOPLE coming today, and with MUSIC will celebrate.

VERSE 3.  and You I praise POLYMORPHOS who all together the gods express, You who HEALTH gives and NATURE commands SACRIFICES we offer O CELESTIAL ONE to have PROTECTION.

VERSE 4.  Heavenly FATHER I worship and I PRAISE You your priest, You, who make the earth BEAR FRUIT.

VERSE 5.  and You I praise GODDESS OF NATURE, eternal mother of all,, You who SEND from above Your BLESSING.

VERSE 6.  Look at the PEOPLE coming today, and with MUSIC will celebrate. O CELESTIAL ONES they seek your PROTECTION.

ΠΑΤΕΡΑ επουράνιε, προσκυνώ και υμνώ Σε ο ΙΕΡΕΑΣ σου, Εσένα που κάνεις την γη και ΚΑΡΠΙΖΕΙ

Δες τους ΑΝΘΡΩΠΟΥΣ που έρχονται σήμερα και με ΜΟΥΣΙΚΗ θα γιορτάσουν

Και Σε υμνώ ΠΟΛΥΜΟΡΦΗ που όλοι μαζί οι θεοί Σε εκφράζουν, που ΥΓΕΙΑ δίνεις και την ΦΥΣΗ ορίζεις. ΘΥΣΙΕΣ θα κάνουμε Ω ΕΠΟΥΡΑΝΙΑ για να έχουμε ΠΡΟΣΤΑΣΙΑ.

ΠΑΤΕΡΑ επουράνιε προσκυνώ και υμνώ Σε ο ΙΕΡΕΑΣ σου, Εσένα που κάνεις την γη και ΚΑΡΠΙΖΕΙ

Και Σε υμνώ, θεά της ΦΥΣΗΣ αιώνια Μητέρα των πάντων, που από ψηλά μας ΔΙΝΕΙΣ την ΕΥΛΟΓΙΑ Σου

Δείτε τους ΑΝΘΡΩΠΟΥΣ που έρχονται σήμερα και με ΜΟΥΣΙΚΗ θα γιορτάσουν Ω ΕΠΟΥΡΑΝΙΟΙ. Την ΠΡΟΣΤΑΣΙΑ Σας επιζητούν.

Στίχος (VERSE) 7.

10. <u>ΟΥΡΑΝΟΣ</u> ΕΠΙΚΛΗΣΗ / ΠΡΟΣΦΩΝΗΣΗ (SKY – INVOCATION)

14. <u>ΙΕΡΟ ΚΕΡΑΤΟ</u> (SACRED HORN) ΑΙΓΑΣ / ΤΑΥΡΟΥ (GOAT'S / BULL'S) - (ΠΑΤΕΡΑΣ - ΥΙΟΣ) – (FATHER – SON)- ΟΜΟΟΥΣΙΟΣ - CONSUBSTANTIAL

15. <u>ΑΕΤΟΣ ΜΕ ΜΗΝΥΜΑ</u> (EAGLE WITH MESSAGE) ΑΕΤΟΦΟΡΟΣ ΔΙΑΣ (EAGLE-BEARING ZEUS)

-

 O CELESTIAL ONES  and You CONSUBSTANTIAL with the Father  and You with the EAGLEBEARER

Ω ΕΠΟΥΡΑΝΙΟΙ / και Συ ΟΜΟΟΥΣΙΕ του Πατέρα, / αλλά και Συ ΑΕΤΟΦΟΡΕ που λαμβάνεις μηνύματα

Στίχος (VERSE) 8.

12. <u>ΣΥΜΒΟΛΟ</u> (SYMBOL) / ΣΤΕΛΝΩ ΣΤΟΧΕΥΜΕΝΑ ΑΠΟ ΨΗΛΑ (I SEND AIMFULLY FROM ABOVE)

16. <u>ΚΑΠΕΛΟ</u> ΑΓΡΟΤΗ – ΠΕΤΑΣΟΣ (FARMER'S HAT)

17. <u>ΠΑΡΑΠΟΜΠΗ</u> (REFERENCE) – ΔΕΙΚΤΙΚΟ (INDICATIVE)

18.  ΜΗΤΕΡΑ ΓΗ (MOTHER EARTH)

-

GIVE  to τhe FARMERS,  who are LED  by MOTHER EARTH.

ΔΩΣΤΕ / στους ΑΓΡΟΤΕΣ / που ΟΔΗΓΟΥΝΤΑΙ / από την ΜΗΤΕΡΑ ΓΗ

Στίχος (VERSE) 9.

9.  ΔΕΡΜΑ ΤΑΥΡΟΥ (BULL'S SKIN) – ΘΥΣΙΑ (SACRIFICE)

17.  ΠΑΡΑΠΟΜΠΗ (REFERENCE) – ΔΕΙΚΤΙΚΟ (INDICATIVE)

19.  ΠΕΡΙΣΤΕΡΙ (PIGEON)- ΕΞΑΓΝΙΣΜΟΣ (PURIFICATION)

20.  ΔΙΔΥΜΟΙ ΛΟΦΟΙ (TWIN HILS) – ΑΝΑΚΤΟΡΑ ΦΑΙΣΤΟΥ (PALACE OF PHAISTOS)

9.  ΔΕΡΜΑ ΤΑΥΡΟΥ (BULL'S SKIN) – ΘΥΣΙΑ (SACRIFICE)

10.  ΟΥΡΑΝΟΣ ΕΠΙΚΛΗΣΗ / ΠΡΟΣΦΩΝΗΣΗ (SKY – INVOCATION)

11.  ΠΟΛΕΜΙΣΤΗΣ (WARRIOR) ΠΡΟΣΤΑΣΙΑ (PROTECTION)

-

we SACRIFICE today,  with GUIDE  the PURIFICATION holy pigeon  at the TWIN HILLS  we SACRIFICE  O CELESTIAL ONES,  for PROTECTION.

ΘΥΣΙΑΖΟΥΜΕ σήμερα, / με ΟΔΗΓΟ / του εξαγνισμού το ιερό ΠΕΡΙΣΤΕΡΙ, / στους ΔΙΔΥΜΟΥΣ ΛΟΦΟΥΣ. / ΘΥΣΙΑ κάνουμε / Ω ΕΠΟΥΡΑΝΙΟΙ, / για ΠΡΟΣΤΑΣΙΑ

Στίχος (VERSE) 10.

14.  <u>ΙΕΡΟ ΚΕΡΑΤΟ</u> (SACRED HORN) ΑΙΓΑΣ / ΤΑΥΡΟΥ (GOAT'S / BULL'S) - (ΠΑΤΕΡΑΣ - ΥΙΟΣ) – (FATHER – SON)- ΟΜΟΟΥΣΙΟΣ - CONSUBSTANTIAL

15.  <u>ΑΕΤΟΣ ΜΕ ΜΗΝΥΜΑ</u> (EAGLE WITH MESSAGE) ΑΕΤΟΦΟΡΟΣ ΔΙΑΣ (EAGLE BEARING ZEUS)

10.  <u>ΟΥΡΑΝΟΣ</u> ΕΠΙΚΛΗΣΗ / ΠΡΟΣΦΩΝΗΣΗ (SKY – INVOCATION)

11.  <u>ΠΟΛΕΜΙΣΤΗΣ</u> (WARRIOR) ΠΡΟΣΤΑΣΙΑ (PROTECTION)

 To You CONSUBSTANTIAL  and to You, EAGLEBEARER  O CELESTIAL ONES  to have PROTECTION.

Σε Σε ΟΜΟΟΥΣΙΕ / και σε Σε ΑΕΤΟΦΟΡΕ, / Ω ΕΠΟΥΡΑΝΙΟΙ, / για να έχουμε ΠΡΟΣΤΑΣΙΑ.

2ND CHAPTER

VERSE **7.**    O CELESTIAL ONES and You CONSUBSTANTIAL with the Father and You EAGLE-BEARER.

VERSE **8.**     GIVE to τhe FARMERS, who are LED by MOTHER EARTH.

VERSE **9.**  we SACRIFICE today, with GUIDE the PURIFICATION holy pigeon at the TWIN HILLS we SACRIFICE O CELESTIAL ONES, for PROTECTION.

VERSE **10.**  To You CONSUBSTANTIAL and to You EAGLE-BEARER, O CELESTIAL ONES, to have PROTECTION.

Ω ΕΠΟΥΡΑΝΙΟΙ και Συ ΟΜΟΟΥΣΙΕ του Πατέρα, αλλά και Συ ΑΕΤΟΦΟΡΕ

ΔΩΣΤΕ στους ΑΓΡΟΤΕΣ που ΟΔΗΓΟ την ΜΗΤΕΡΑ ΓΗ έχουν

ΘΥΣΙΑΖΟΥΜΕ σήμερα, με ΟΔΗΓΟ του εξαγνισμού το ιερό ΠΕΡΙΣΤΕΡΙ, στους ΔΙΔΥΜΟΥΣ ΛΟΦΟΥΣ. ΘΥΣΙΑ κάνουμε Ω ΕΠΟΥΡΑΝΙΟΙ, για ΠΡΟΣΤΑΣΙΑ

Σε Σε ΟΜΟΟΥΣΙΕ και σε Σε ΑΕΤΟΦΟΡΕ, Ω ΕΠΟΥΡΑΝΙΟΙ, για να έχουμε ΠΡΟΣΤΑΣΙΑ.

xxxxxxxxxxxxxxxxxxxxxxxxxxxxxxxxxxxxxxxxxxxxxxxxxxxxxxxxxxxxxxxxxxxxxxxxxxxxxxxxx
x

Στίχος (VERSE) 11.

4.  <u>ΜΙΝΩΙΤΗΣ</u> (MINOAN) – ΑΝΘΡΩΠΟΣ (HUMAN) - ΕΡΧΕΤΑΙ (COMES)

21.  <u>ΠΟΔΙ ΤΑΥΡΟΥ</u> (BULL'S FOOT) / ΙΕΡΟΤΕΛΕΣΤΙΕΣ (HOLY RITES)

-

PEOPLE come today,  to perform HOLY RITES.

Οι ΑΝΘΡΩΠΟΙ έρχονται σήμερα, / ΙΕΡΟΤΕΛΕΣΤΙΕΣ να κάνουν

Στίχος (VERSE) 12.

17. ΠΑΡΑΠΟΜΠΗ (REFERENCE) – ΔΕΙΚΤΙΚΟ (INDICATIVE)

13. ΡΑΒΔΙ ΤΗΣ ΘΕΑΣ (STAFF OF THE GODDESS) / ΕΥΛΟΓΙΑ (BLESSING)

3. ΣΤΑΧΥ (EAR) - ΚΑΡΠΟΣ (FRUIT) – ΚΑΡΠΙΖΕΙ (BEAR FRUIT)

22. ΜΙΝΩΙΚΗ ΒΑΡΚΑ (MINOAN BOAT) – ΨΑΡΑΔΕΣ (FISHERMEN)

9. ΔΕΡΜΑ ΤΑΥΡΟΥ (BULL SKIN) – ΘΥΣΙΑ (SACRIFICE)

11. ΠΟΛΕΜΙΣΤΗΣ (WARRIOR) ΠΡΟΣΤΑΣΙΑ (PROTECTION)

-.

So that You SEND  the BLESSING  to the FRUITS of the earth  as well as to the FISHERMEN  who also offer SACRIFICE  for PROTECTION

Για να ΣΤΕΛΝΕΤΕ / την ΕΥΛΟΓΙΑ / στα ΣΠΑΡΤΑ της γης / και στους ΨΑΡΑΔΕΣ, / που κι αυτοί ΘΥΣΙΑΖΟΥΝ / για ΠΡΟΣΤΑΣΙΑ

Στίχος (VERSE) 13.

14. <u>ΙΕΡΟ ΚΕΡΑΤΟ</u> (SACRED HORN) ΑΙΓΑΣ / ΤΑΥΡΟΥ (GOAT'S / BULL'S) - (ΠΑΤΕΡΑΣ - ΥΙΟΣ) – (FATHER – SON)- ΟΜΟΟΥΣΙΟΣ - CONSUBSTANTIAL

15. <u>ΑΕΤΟΣ ΜΕ ΜΗΝΥΜΑ</u> (EAGLE WITH MESSAGE) ΑΕΤΟΦΟΡΟΣ ΔΙΑΣ (EAGLE BEARING ZEUS)

10. <u>ΟΥΡΑΝΟΣ</u> ΕΠΙΚΛΗΣΗ / ΠΡΟΣΦΩΝΗΣΗ (SKY – INVOCATION)

11. <u>ΠΟΛΕΜΙΣΤΗΣ</u> (WARRIOR) ΠΡΟΣΤΑΣΙΑ (PROTECTION)

 You CONSUBSTANTIAL  and You, EAGLE-BEARER  O CELESTIAL ONES  PROTECTION grant.

Εσύ ΟΜΟΟΥΣΙΕ / και Συ ΑΕΤΟΦΟΡΕ, / Ω ΕΠΟΥΡΑΝΙΟΙ, / ΠΡΟΣΤΑΣΙΑ χαρίστε.

Στίχος (VERSE) 14.

13. <u>ΡΑΒΔΙ ΤΗΣ ΘΕΑΣ</u> (STAFF OF THE GODDESS) / ΕΥΛΟΓΙΑ (BLESSING)

23. <u>ΨΑΡΙ</u> (FISH)

BLESSING  to the FISH

ΕΥΛΟΓΙΑ / στα ΨΑΡΙΑ

Στίχος (VERSE) 15.

6. <u>ΣΥΜΒΟΛΟ</u> (SYMBOL) - ΠΟΛΥΜΟΡΦΗ (POLYMORPHOS) – ΜΕΓΑΛΗ ΜΗΤΕΡΑ (GREAT MOTHER) – ΔΗΜΙΟΥΡΓΟΣ (CREATOR)

7. <u>ΡΑΒΔΙ ΑΣΚΛΗΠΙΟΥ</u> (STAFF OF ASCLEPIUS) / ΥΓΕΙΑ (HEALTH)

8. <u>ΙΕΡΟ ΔΕΝΤΡΟ</u> (SACRED TREE) / ΦΥΣΗ (NATURE) ΘΕΑ (GODDESS)

9. <u>ΔΕΡΜΑΤΑ ΤΑΥΡΟΥ</u> (BULL SKINS) – ΘΥΣΙΑ (SACRIFICE)

10. <u>ΟΥΡΑΝΟΣ</u> ΕΠΙΚΛΗΣΗ / ΠΡΟΣΦΩΝΗΣΗ (SKY – INVOCATION)

11. <u>ΠΟΛΕΜΙΣΤΗΣ</u> (WARRIOR) ΠΡΟΣΤΑΣΙΑ (PROTECTION)

-

 and You I praise POLYMORPHOS, who all together the gods express You  who HEALTH gives  and NATURE commands  SACRIFICES we offer  O CELESTIAL ONE  to have PROTECTION.

Και Σε υμνώ ΠΟΛΥΜΟΡΦΗ που όλοι μαζί οι θεοί Σε εκφράζουν, / που ΥΓΕΙΑ δίνεις / και την ΦΥΣΗ ορίζεις. / ΘΥΣΙΕΣ θα κάνουμε / Ω ΕΠΟΥΡΑΝΙΑ / για να έχουμε ΠΡΟΣΤΑΣΙΑ.

Στίχος (VERSE) 16.

14. <u>ΙΕΡΟ ΚΕΡΑΤΟ</u> (SACRED HORN) ΑΙΓΑΣ / ΤΑΥΡΟΥ (GOAT'S / BULL'S) - (ΠΑΤΕΡΑΣ - ΥΙΟΣ) – (FATHER – SON)- ΟΜΟΟΥΣΙΟΣ - CONSUBSTANTIAL

15.  <u>ΑΕΤΟΣ ΜΕ ΜΗΝΥΜΑ</u> (EAGLE WITH MESSAGE) ΑΕΤΟΦΟΡΟΣ ΔΙΑΣ (EAGLE BEARING ZEUS)

10. <u>ΟΥΡΑΝΟΣ</u> ΕΠΙΚΛΗΣΗ / ΠΡΟΣΦΩΝΗΣΗ (SKY – INVOCATION)

11. <u>ΠΟΛΕΜΙΣΤΗΣ</u> (WARRIOR) ΠΡΟΣΤΑΣΙΑ (PROTECTION)

-

 And You CONSUBSTANTIAL  and You EAGLEBEARER  O CELESTIAL ONES  PROTECT us.

Και Συ ΟΜΟΟΥΣΙΕ / και Συ ΑΕΤΟΦΟΡΕ, / Ω ΕΠΟΥΡΑΝΙΟΙ, / ΠΡΟΣΤΑΤΕΨΤΕ μας.

Στίχος (VERSE) 17.

4. <u>ΜΙΝΩΙΤΗΣ</u> (MINOAN) – ΑΝΘΡΩΠΟΣ (HUMAN) - ΕΡΧΕΤΑΙ (COMES)

21. <u>ΠΟΔΙ ΤΑΥΡΟΥ</u> (BULL'S FOOT) / ΙΕΡΟΤΕΛΕΣΤΙΕΣ (HOLY RITES)

 PEOPLE come today,  and HOLY RITES perform.

Οι ΑΝΘΡΩΠΟΙ έρχονται σήμερα, / και ΙΕΡΟΤΕΛΕΣΤΙΕΣ κάνουν

Στίχος (VERSE) 18.

17. ΠΑΡΑΠΟΜΠΗ (REFERENCE) – ΔΕΙΚΤΙΚΟ (INDICATIVE)

13. ΡΑΒΔΙ ΤΗΣ ΘΕΑΣ (STAFF OF THE GODDESS) / ΕΥΛΟΓΙΑ (BLESSING)

3. ΣΤΑΧΥ (EAR) - ΚΑΡΠΟΣ (FRUIT) – ΚΑΡΠΙΖΕΙ (BEARS FRUIT)

22. ΜΙΝΩΙΚΗ ΒΑΡΚΑ (MINOAN BOAT) – ΨΑΡΑΔΕΣ (FISHERMEN)

9. ΔΕΡΜΑ ΤΑΥΡΟΥ (BULL SKIN) – ΘΥΣΙΑ (SACRIFICE)

11. ΠΟΛΕΜΙΣΤΗΣ (WARRIOR) ΠΡΟΣΤΑΣΙΑ (PROTECTION)

So You SEND  the BLESSING  to the FRUITS of the earth  and to the FISHERMEN  who offer SACRIFICE  for PROTECTION.

Για να ΣΤΕΛΝΕΤΕ / την ΕΥΛΟΓΙΑ / στα ΣΠΑΡΤΑ της γης / και στους ΨΑΡΑΔΕΣ, / που κι αυτοί ΘΥΣΙΑΖΟΥΝ / για ΠΡΟΣΤΑΣΙΑ.

3RD CHAPTER

VERSE **11.**   PEOPLE COME today to perform HOLY RITES.

VERSE **12.**       So that You SEND the BLESSING to the FRUITS of the earth as well as to the FISHERMEN who also offer SACRIFICE for PROTECTION.

VERSE **13.** 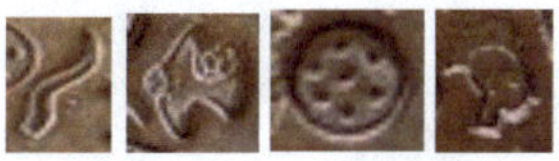 You CONSUBSTANTIAL and You EAGLE-BEARER O CELESTIAL ONES PROTECTION grant.

VERSE **14.**  BLESSING to the FISH

VERSE **15.**  POLYMORPHOS ONE, who gives HEALTH and NATURE You command we SACRIFICE bulls, O CELESTIAL ONE to have PROTECTION.

VERSE **16.**  And You CONSUBSTANTIAL and You EAGLE-BEARER O CELESTIAL ONES PROTECT us.

VERSE **17.**  PEOPLE come today and HOLY RITES perform.

VERSE **18.** 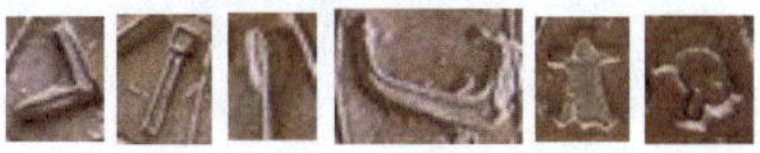 so You SEND / the BLESSING / to the FRUITS of the earth / and to the FISHERMEN / who offer SACRIFICE / for PROTECTION.

Οι ΑΝΘΡΩΠΟΙ έρχονται σήμερα, ΙΕΡΟΤΕΛΕΣΤΙΕΣ να κάνουν

Για να ΣΤΕΛΝΕΤΕ την ΕΥΛΟΓΙΑ στα ΣΠΑΡΤΑ της γης και στους ΨΑΡΑΔΕΣ που κι αυτοί ΘΥΣΙΑΖΟΥΝ για ΠΡΟΣΤΑΣΙΑ

Εσύ ΟΜΟΟΥΣΙΕ και Συ ΑΕΤΟΦΟΡΕ, Ω ΕΠΟΥΡΑΝΙΟΙ, ΠΡΟΣΤΑΣΙΑ χαρίστε.

ΕΥΛΟΓΙΑ στα ΨΑΡΙΑ

ΠΟΛΥΜΟΡΦΗ που ΥΓΕΙΑ δίνεις και την ΦΥΣΗ ορίζεις. ΘΥΣΙΑΖΟΥΜΕ ταύρους Ω ΕΠΟΥΡΑΝΙΑ για να έχουμε ΠΡΟΣΤΑΣΙΑ.

Και Συ ΟΜΟΟΥΣΙΕ και Συ ΑΕΤΟΦΟΡΕ, Ω ΕΠΟΥΡΑΝΙΟΙ, ΠΡΟΣΤΑΤΕΨΤΕ μας.

Οι ΑΝΘΡΩΠΟΙ έρχονται σήμερα, και ΙΕΡΟΤΕΛΕΣΤΙΕΣ κάνουν

Για να ΣΤΕΛΝΕΤΕ την ΕΥΛΟΓΙΑ στα ΣΠΑΡΤΑ της γης και στους ΨΑΡΑΔΕΣ, που κι αυτοί ΘΥΣΙΑΖΟΥΝ για ΠΡΟΣΤΑΣΙΑ.

xxxxxxxxxxxxxxxxxxxxxxxxxxxxxxxxxxxxxxxxxxxxxxxxxxxxxxxxxxxxxxxxxxxxxxxxxxxxxxxxxxxx
x

Στίχος (VERSE) 19.

24.  ΚΑΡΑΒΙ (SHIP)

25.  ΠΥΡΣΟΣ (TORCH) / ΦΩΣ – ΦΩΤΙΣΜΟΣ (LIGHT – LIGHTING)

-

 The SHIPS, when they sail in the seas  SHED LIGHT on their course.

Τα ΚΑΡΑΒΙΑ όταν ταξιδεύουν, να τα ΦΩΤΙΖΕΙΣ στην ρότα τους

Στίχος (VERSE) 20.

1.  ΡΟΔΑΚΑΣ (ROSETTE) – ΗΛΙΟΣ ΘΕΟΣ (SUN GOD) - ΕΠΟΥΡΑΝΙΟΣ (HEAVENLY) / ΖΩΟΔΟΤΗΣ (LIFE GIVER) - ΠΑΤΕΡΑΣ (FATHER)

13.  ΡΑΒΔΙ ΤΗΣ ΘΕΑΣ (STAFF OF THE GODDESS) / ΕΥΛΟΓΙΑ (BLESSING)

19.  ΠΕΡΙΣΤΕΡΙ (PIGEON)- ΕΞΑΓΝΙΣΜΟΣ (PURIFICATION)

10.  ΟΥΡΑΝΟΣ ΕΠΙΚΛΗΣΗ / ΠΡΟΣΦΩΝΗΣΗ (SKY – INVOCATION)

11.  ΠΟΛΕΜΙΣΤΗΣ (WARRIOR) ΠΡΟΣΤΑΣΙΑ (PROTECTION)

-

Heavenly FATHER.  YOU who BLESS  the PURIFICATION holy pigeon  O CELESTIAL ONE,  PROTECT us.

ΠΑΤΕΡΑ επουράνιε που ΕΥΛΟΓΕΙΣ του ΕΞΑΓΝΙΣΜΟΥ το ιερό ΠΕΡΙΣΤΕΡΙ Ω ΕΠΟΥΡΑΝΙΕ ΠΡΟΣΤΑΤΕΥΕ μας.

Στίχος (VERSE) 21.

26.  ΕΛΑΙΟ<u>ΔΟΧΕΙΟ </u>(OIL CAN) / ΑΦΘΟΝΙΑ (ABUNDANCE)

27.  <u>ΣΚΑΡΑΒΑΙΟΣ</u> (SCARAB) / ΕΝΕΡΓΕΙΑ – ΑΙΩΝΙΑ ΖΩΗ (ENERGY – ETERNAL LIFE)

28.  ΚΟΤΣΙ ΧΟΙΡΟΥ (PORK KNUCKLE BONE) - ΕΥΔΑΙΜΟΝΙΑ (BLISS)

4.  <u>ΜΙΝΩΙΤΗΣ</u> (MINOAN) – ΑΝΘΡΩΠΟΣ (HUMAN) - ΕΡΧΕΤΑΙ (COMES)

-

 give ABUNDANCE  ENERGY  and BLISS  to the PEOPLE who came

Χάριζε ΑΦΘΟΝΙΑ ΕΝΕΡΓΕΙΑ και ΕΥΔΑΙΜΟΝΙΑ στους ΑΝΘΡΩΠΟΥΣ που ήρθαν

Στίχος (VERSE) 22.

8.  <u>ΙΕΡΟ ΔΕΝΤΡΟ</u> (SACRED TREE) / ΦΥΣΗ (NATURE) ΘΕΑ (GODDESS)

12.  <u>ΣΥΜΒΟΛΟ</u> (SYMBOL) / ΣΤΕΛΝΩ ΣΤΟΧΕΥΜΕΝΑ ΑΠΟ ΨΗΛΑ (I SEND AIMFULLY FROM ABOVE)

28.  ΚΟΤΣΙ ΧΟΙΡΟΥ (PORK KNUCKLE BONE) - ΕΥΔΑΙΜΟΝΙΑ (BLISS)

10.  <u>ΟΥΡΑΝΟΣ</u> ΕΠΙΚΛΗΣΗ / ΠΡΟΣΦΩΝΗΣΗ (SKY – INVOCATION)

11.  <u>ΠΟΛΕΜΙΣΤΗΣ</u> (WARRIOR) ΠΡΟΣΤΑΣΙΑ (PROTECTION)

 GODDESS OF NATURE, eternal mother of all,  GRANT  that they reach BLISS  O CELESTIAL ONE,  who give PROTECTION.

Θεά της ΦΥΣΗΣ αιώνια Μητέρα των πάντων ΔΩΣΕ στην ΕΥΔΑΙΜΟΝΙΑ να φτάσουν Ω ΕΠΟΥΡΑΝΙΑ που ΠΡΟΣΤΑΣΙΑ χαρίζεις.

Στίχος (VERSE) 23.

8.  <u>ΙΕΡΟ ΔΕΝΤΡΟ</u> (SACRED TREE) / ΦΥΣΗ (NATURE) ΘΕΑ (GODDESS)

14.  <u>ΙΕΡΟ ΚΕΡΑΤΟ</u> (SACRED HORN) ΑΙΓΑΣ / ΤΑΥΡΟΥ (GOAT'S / BULL'S) - (ΠΑΤΕΡΑΣ - ΥΙΟΣ) – (FATHER – SON)- ΟΜΟΟΥΣΙΟΣ - CONSUBSTANTIAL

15.  <u>ΑΕΤΟΣ ΜΕ ΜΗΝΥΜΑ</u> (EAGLE WITH MESSAGE) ΑΕΤΟΦΟΡΟΣ ΔΙΑΣ (EAGLE BEARING ZEUS)

 GODDESS OF NATURE, eternal mother of all,  You CONSUBSTANTIAL  and You, EAGLE-BEARER

Θεά της ΦΥΣΗΣ αιώνια Μητέρα των πάντων Εσύ ΟΜΟΟΥΣΙΕ του Πατέρα και Συ ΑΕΤΟΦΟΡΕ.

Στίχος (VERSE) 24.

12. ΣΥΜΒΟΛΟ (SYMBOL) / ΣΤΕΛΝΩ ΣΤΟΧΕΥΜΕΝΑ ΑΠΟ ΨΗΛΑ (I SEND AIMFULLY FROM ABOVE)

17. ΠΑΡΑΠΟΜΠΗ (REFERENCE) – ΔΕΙΚΤΙΚΟ (INDICATIVE)

18. ΜΗΤΕΡΑ ΓΗ (MOTHER EARTH)

10. ΟΥΡΑΝΟΣ ΕΠΙΚΛΗΣΗ / ΠΡΟΣΦΩΝΗΣΗ (SKY – INVOCATION)

11. ΠΟΛΕΜΙΣΤΗΣ (WARRIOR) ΠΡΟΣΤΑΣΙΑ (PROTECTION)

 GIVE  you who LEAD  MOTHER EARTH.  O CELESTIAL ONES  PROTECTION.

ΔΩΣΤΕ εσείς, που ΟΔΗΓΕΙΤΕ ΤΗΝ ΜΗΤΕΡΑ ΓΗ, Ω ΕΠΟΥΡΑΝΙΟΙ, ΠΡΟΣΤΑΣΙΑ

4η CHAPTER

VERSE **19.**  The SHIPS, when they sail in the seas SHED LIGHT on their course.

VERSE **20.**  heavenly FATHER You who BLESS the PURIFICATION holy pigeon, O CELESTIAL ONE, PROTECT us.

VERSE **21.**  give ABUNDANCE , ENERGY, eternal life and BLISS to the PEOPLE who came

VERSE **22.**  GODDESS OF NATURE, eternal mother of all, GRANT they reach BLISS, O CELESTIAL ONE, who give PROTECTION

VERSE **23.**  GODDESS OF NATURE, eternal mother of all, You CONSUBSTANTIAL and You, EAGLE BEARER

VERSE **24.**  GIVE You / who LEAD / MOTHER EARTH. / O CELESTIAL ONES / PROTECTION.

Τα ΚΑΡΑΒΙΑ όταν ταξιδεύουν να τα ΦΩΤΙΖΕΙΣ στην ρότα τους

ΠΑΤΕΡΑ επουράνιε που ΕΥΛΟΓΕΙΣ του ΕΞΑΓΝΙΣΜΟΥ το ιερό ΠΕΡΙΣΤΕΡΙ Ω ΕΠΟΥΡΑΝΙΕ ΠΡΟΣΤΑΤΕΥΕ μας.

Χάριζε ΑΦΘΟΝΙΑ ΕΝΕΡΓΕΙΑ και ΕΥΔΑΙΜΟΝΙΑ στους ΑΝΘΡΩΠΟΥΣ που ήρθαν

Θεά της ΦΥΣΗΣ αιώνια Μητέρα των πάντων ΔΩΣΕ στην ΕΥΔΑΙΜΟΝΙΑ να φτάσουν Ω ΕΠΟΥΡΑΝΙΑ που ΠΡΟΣΤΑΣΙΑ χαρίζεις.

Θεά της ΦΥΣΗΣ αιώνια Μητέρα των πάντων Εσύ ΟΜΟΟΥΣΙΕ του Πατέρα και Συ ΑΕΤΟΦΟΡΕ

ΔΩΣΤΕ εσείς, που ΟΔΗΓΕΙΤΕ ΤΗΝ ΜΗΤΕΡΑ ΓΗ Ω ΕΠΟΥΡΑΝΙΟΙ, ΠΡΟΣΤΑΣΙΑ.

Χχχχχχχχχχχχχχχχχχχχχχχχχχχχχχχχχχχχχχχχχχχχχχχχχχχχχχχχχχχχχχχχχχχχχχχχχχχχ χ

Στίχος (VERSE) 25.

29.  <u>ΧΕΡΙ</u> (HAND) / ΓΕΝΝΑΙΟΔΩΡΙΑ (GENEROSITY)

30.  <u>ΙΕΡΟΣ ΤΟΠΟΣ</u> (HOLY SITE) - ΝΗΣΙ ΤΟΥ ΠΑΣΧΑ (EASTER ISLAND)

11.  <u>ΠΟΛΕΜΙΣΤΗΣ</u> (WARRIOR) ΠΡΟΣΤΑΣΙΑ (PROTECTION)

 For GENEROSITY we  at the HOLY SITE  offer SACRIFICE

Για να έχουμε ΓΕΝΝΑΙΟΔΩΡΙΑ / στον ΙΕΡΟ ΤΟΠΟ / ΘΥΣΙΑΖΟΥΜΕ

Στίχος (VERSE) 26.

10.  <u>ΟΥΡΑΝΟΣ</u> ΕΠΙΚΛΗΣΗ / ΠΡΟΣΦΩΝΗΣΗ (SKY – INVOCATION)

26.  ΕΛΑΙΟ<u>ΔΟΧΕΙΟ</u> (OIL CAN) / ΑΦΘΟΝΙΑ (ABUNDANCE)

31.  ΑΣΒΕΣΤΟ ΠΥΡ (ETERNAL FIRE) ΑΙΩΝΙΟ

11.  ΠΟΛΕΜΙΣΤΗΣ (WARRIOR) ΠΡΟΣΤΑΣΙΑ (PROTECTION)

-

 O CELESTIAL ONES  for ABUNDANCE  ETERNAL  we SACRIFICE

Ω ΕΠΟΥΡΑΝΙΟΙ για ΑΦΘΟΝΙΑ ΑΙΩΝΙΑ ΘΥΣΙΑΖΟΥΜΕ

Στίχος (VERSE) 27.

23.  ΨΑΡΙ (FISH)

27.  ΣΚΑΡΑΒΑΙΟΣ (SCARAB) / ΕΝΕΡΓΕΙΑ – ΑΙΩΝΙΑ ΖΩΗ (ENERGY – ETERNAL LIFE)

32.  ΓΥΝΑΙΚΑ (MINOAN WOMAN) - ΓΟΝΙΜΟΤΗΤΑ (FERTILITY)

10.  ΟΥΡΑΝΟΣ ΕΠΙΚΛΗΣΗ / ΠΡΟΣΦΩΝΗΣΗ (SKY – INVOCATION)

11.  ΠΟΛΕΜΙΣΤΗΣ (WARRIOR) ΠΡΟΣΤΑΣΙΑ (PROTECTION)

 with FISH  for ENERGY and FERTILITY  to WOMEN,  O CELESTIAL ONES,  who grant PROTECTION.

Με ΨΑΡΙΑ, για ΕΝΕΡΓΕΙΑ και ΓΟΝΙΜΟΤΗΤΑ στις ΓΥΝΑΙΚΕΣ Ω ΕΠΟΥΡΑΝΙΟΙ που ΠΡΟΣΤΑΣΙΑ χαρίζετε.

Στίχος (VERSE) 28.

33.  ΜΕΛΙΣΣΑ (HONEYBEE) / ΙΕΡΕΙΑ (PRIESTESS)

34.   ΚΕΦΑΛΗ ΧΟΙΡΟΥ (PIG'S HEAD) – ΜΥΗΜΕΝΟΙ (INITIATES)

 and the HONEYBEE PRIESTESS here  with all the INITIATES

Και η ΙΕΡΕΙΑ ΜΕΛΙΣΣΑ εδώ, με όλους τους ΜΥΗΜΕΝΟΥΣ.

Στίχος (VERSE) 29.

26.  ΕΛΑΙΟΔΟΧΕΙΟ (OIL CAN) / ΑΦΘΟΝΙΑ (ABUNDANCE)

31.  ΑΣΒΕΣΤΟ ΠΥΡ (ETERNAL FIRE) ΑΙΩΝΙΟ

34.  ΚΕΦΑΛΗ ΧΟΙΡΟΥ (PIG'S HEAD) – ΜΥΗΜΕΝΟΙ (INITIATES)

 ABUNDANCE  ETERNAL  to the INITIATES

ΑΦΘΟΝΙΑ ΑΙΩΝΙΑ στους ΜΥΗΜΕΝΟΥΣ

Στίχος (VERSE) 30.

10. ΟΥΡΑΝΟΣ ΕΠΙΚΛΗΣΗ / ΠΡΟΣΦΩΝΗΣΗ (SKY – INVOCATION)

27. ΣΚΑΡΑΒΑΙΟΣ (SCARAB) / ΕΝΕΡΓΕΙΑ – ΑΙΩΝΙΑ ΖΩΗ (ENERGY – ETERNAL LIFE)

35. ΛΙΜΝΟΣΠΙΤΟ (LAKE HOUSE)

 O CELESTIAL ONES,  ENERGY and eternal life  to the LAKEHOUSES

Ω ΕΠΟΥΡΑΝΙΟΙ, ΕΝΕΡΓΕΙΑ και αιώνια ζωή στα ΛΙΜΝΟΣΠΙΤΑ

Στίχος (VERSE) 31.

17. ΠΑΡΑΠΟΜΠΗ (REFERENCE) – ΔΕΙΚΤΙΚΟ (INDICATIVE)

4. ΜΙΝΩΙΤΗΣ (MINOAN) – ΑΝΘΡΩΠΟΣ (HUMAN) - ΕΡΧΕΤΑΙ (COMES)

5. ΔΙΑΥΛΟΣ (DOUBLE FLUTE) – ΜΟΥΣΙΚΗ (MUSIC) – ΓΙΟΡΤΗ (FEAST/CELEBRATE)

10. ΟΥΡΑΝΟΣ ΕΠΙΚΛΗΣΗ / ΠΡΟΣΦΩΝΗΣΗ (SKY – INVOCATION)

11. ΠΟΛΕΜΙΣΤΗΣ (WARRIOR) ΠΡΟΣΤΑΣΙΑ (PROTECTION)

 LEAD  the PEOPLE who come today  with MUSIC to celebrate,  O CELESTIAL ONES  PROTECTION grant them.

ΟΔΗΓΕΙΣΤΕ τους ΑΝΘΡΩΠΟΥΣ που έρχονται και με ΜΟΥΣΙΚΗ γιορτάζουν Ω ΕΠΟΥΡΑΝΙΟΙ, ΠΡΟΣΤΑΣΙΑ να τους χαρίζετε.

5th CHAPTER

VERSE **25.** 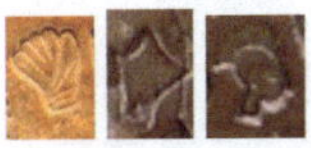 For GENEROSITY we at the HOLY SITE offer SACRIFICE

VERSE **26.**  O CELESTIAL ONES, for ABUNDANCE ETERNAL we SACRIFICE

VERSE **27.**  with FISH for ENERGY and fertility to the WOMEN, O CELESTIAL ONES, who grant PROTECTION.

VERSE **28.**  and the HONEYBEE PRIESTESS here with all the INITIATES

VERSE **29.**  ABUNDANCE ETERNAL to the INITIATES

VERSE **30.**  O CELESTIAL ONES, ENERGY and eternal life to the LAKEHOUSES

VERSE **31.**  LEAD the PEOPLE who come today with MUSIC to celebrate, O CELESTIAL ONES PROTECTION grant them.

Για να έχουμε ΓΕΝΝΑΙΟΔΩΡΙΑ στον ΙΕΡΟ ΤΟΠΟ ΘΥΣΙΑΖΟΥΜΕ

Ω ΕΠΟΥΡΑΝΙΟΙ για ΑΦΘΟΝΙΑ ΑΙΩΝΙΑ ΘΥΣΙΑΖΟΥΜΕ

Με ΨΑΡΙΑ, για ΕΝΕΡΓΕΙΑ και γονιμότητα στις ΓΥΝΑΙΚΕΣ Ω ΕΠΟΥΡΑΝΙΟΙ που ΠΡΟΣΤΑΣΙΑ χαρίζετε

Και η ΙΕΡΕΙΑ ΜΕΛΙΣΣΑ εδώ, με όλους τους ΜΥΗΜΕΝΟΥΣ.

ΑΦΘΟΝΙΑ ΑΙΩΝΙΑ στους ΜΥΗΜΕΝΟΥΣ

Ω ΕΠΟΥΡΑΝΙΟΙ, ΕΝΕΡΓΕΙΑ και αιώνια ζωή στα ΛΙΜΝΟΣΠΙΤΑ

ΟΔΗΓΕΙΣΤΕ τους ΑΝΘΡΩΠΟΥΣ που έρχονται και με ΜΟΥΣΙΚΗ γιορτάζουν Ω ΕΠΟΥΡΑΝΙΟΙ, ΠΡΟΣΤΑΣΙΑ να τους χαρίζετε

χχχχχχχχχχχχχχχχχχχχχχχχχχχχχχχχχχχχχχχχχχχχχχχχχχχχχχχχχχχχχχχχχχχχχχχχχχχ
χ

HYMN (part A)

1. Heavenly FATHER I worship and I praise You your PRIEST, You, who make the earth BEAR FRUIT.

2. Look at the PEOPLE coming today and with MUSIC will celebrate.

3. And You I praise POLYMORPHOS who all together the gods express, you who HEALTH gives and NATURE commands SACRIFICES we offer O CELESTIAL ONE to have PROTECTION.

4. Heavenly FATHER I worship and I PRAISE You your priest, You, who make the earth BEAR FRUIT.

5. And You I praise GODDESS OF NATURE, eternal mother of all you who SEND from above your BLESSING.

6. Look at the PEOPLE coming today and with MUSIC will celebrate O CELESTIAL ONES they seek your PROTECTION.

7. O CELESTIAL ONES and You CONSUBSTANTIAL with the Father and You EAGLE-BEARER.

8. GIVE to the FARMERS, who are LED by MOTHER EARTH.

9. We SACRIFICE today, with GUIDE the PURIFICATION holy pigeon at the TWIN HILLS we SACRIFICE O CELESTIAL ONES, for PROTECTION.

10. To You CONSUBSTANTIAL and to You, EAGLE-BEARER O CELESTIAL ONES to have PROTECTION.

11. PEOPLE COME today, to perform HOLY RITES.

12. So that You SEND the BLESSING to the FRUITS of the earth as well as to the FISHERMEN who also offer SACRIFICE for PROTECTION.

13. You CONSUBSTANTIAL and You, EAGLE-BEARER O CELESTIAL ONES PROTECTION grant.

14. BLESSING to the FISHES

15. POLYMORPHOS ONE, who gives HEALTH and NATURE you command we SACRIFICE bulls O CELESTIAL ONE to have PROTECTION.

16. And You CONSUBSTANTIAL and You EAGLEBEARER O CELESTIAL ONES PROTECT us.

17. PEOPLE come today, and HOLY RITES perform.

18. so You SEND the BLESSING to the FRUITS of the earth and to the FISHERMEN who offer SACRIFICE for PROTECTION.

19. The SHIPS, when they sail in the seas SHED LIGHT on their course.

20. Heavenly FATHER You who BLESS the PURIFICATION holy pigeon O CELESTIAL ONE, PROTECT us.

21. Give ABUNDANCE ENERGY, eternal life and BLISS to the PEOPLE who came

22. GODDESS OF NATURE, eternal mother of all, GRANT that they reach BLISS O CELESTIAL ONE, who give PROTECTION

23. GODDESS OF NATURE, eternal mother of all, You CONSUBSTANTIAL and You, EAGLE-BEARER

24. GIVE, You who LEAD MOTHER EARTH O CELESTIAL ONES PROTECTION.

25. For GENEROSITY we at the HOLY SITE offer SACRIFICE

26. O CELESTIAL ONES for ABUNDANCE ETERNAL we offer SACRIFICE

27. with FISH for ENERGY and fertility to WOMEN O CELESTIAL ONES who grant PROTECTION.

28. And the HONEYBEE PRIESTESS here with all the INITIATES.

29. ABUNDANCE ETERNAL to the INITIATES

30. O CELESTIAL ONES ENERGY and eternal life to the LAKE HOUSES

31. LEAD the PEOPLE who come today and with MUSIC celebrate, O CELESTIAL ONES PROTECTION grant them.

ΥΜΝΟΣ (μέρος Α΄)

1. ΠΑΤΕΡΑ επουράνιε προσκυνώ και υμνώ Σε ο ΙΕΡΕΑΣ σου, Εσένα που κάνεις την γη και ΚΑΡΠΙΖΕΙ

2. Δες τους ΑΝΘΡΩΠΟΥΣ που έρχονται σήμερα και με ΜΟΥΣΙΚΗ θα γιορτάσουν

3. Και Σε υμνώ ΠΟΛΥΜΟΡΦΗ που όλοι μαζί οι θεοί Σε εκφράζουν, που ΥΓΕΙΑ δίνεις και την ΦΥΣΗ ορίζεις. ΘΥΣΙΕΣ θα κάνουμε Ω ΕΠΟΥΡΑΝΙΑ για να έχουμε ΠΡΟΣΤΑΣΙΑ.

4. ΠΑΤΕΡΑ επουράνιε προσκυνώ και υμνώ Σε ο ΙΕΡΕΑΣ σου, Εσένα που κάνεις την γη και ΚΑΡΠΙΖΕΙ

5. Και Σε υμνώ, θεά της ΦΥΣΗΣ αιώνια Μητέρα των πάντων, που από ψηλά μας ΔΙΝΕΙΣ την ΕΥΛΟΓΙΑ σου

6. Δείτε τους ΑΝΘΡΩΠΟΥΣ που έρχονται σήμερα και με ΜΟΥΣΙΚΗ θα γιορτάσουν Ω ΕΠΟΥΡΑΝΙΟΙ. Την ΠΡΟΣΤΑΣΙΑ σας επιζητούν.

7. Ω ΕΠΟΥΡΑΝΙΟΙ και Συ ΟΜΟΟΥΣΙΕ του Πατέρα, αλλά και Συ ΑΕΤΟΦΟΡΕ

8. ΔΩΣΤΕ στους ΑΓΡΟΤΕΣ που ΟΔΗΓΟ την ΜΗΤΕΡΑ ΓΗ έχουν

9. ΘΥΣΙΑΖΟΥΜΕ σήμερα, με ΟΔΗΓΟ του εξαγνισμού το ιερό ΠΕΡΙΣΤΕΡΙ, στους ΔΙΔΥΜΟΥΣ ΛΟΦΟΥΣ. ΘΥΣΙΑ κάνουμε Ω ΕΠΟΥΡΑΝΙΟΙ, για ΠΡΟΣΤΑΣΙΑ

10. Σε Σε ΟΜΟΟΥΣΙΕ και σε Σε ΑΕΤΟΦΟΡΕ, Ω ΕΠΟΥΡΑΝΙΟΙ, για να έχουμε ΠΡΟΣΤΑΣΙΑ.

11. Οι ΑΝΘΡΩΠΟΙ έρχονται σήμερα, ΙΕΡΟΤΕΛΕΣΤΙΕΣ να κάνουν

12. Για να ΣΤΕΛΝΕΤΕ την ΕΥΛΟΓΙΑ στα ΣΠΑΡΤΑ της γης και στους ΨΑΡΑΔΕΣ που κι αυτοί ΘΥΣΙΑΖΟΥΝ για ΠΡΟΣΤΑΣΙΑ

13. Εσύ ΟΜΟΟΥΣΙΕ και Συ ΑΕΤΟΦΟΡΕ, Ω ΕΠΟΥΡΑΝΙΟΙ, ΠΡΟΣΤΑΣΙΑ χαρίστε.

14.ΕΥΛΟΓΙΑ στα ΨΑΡΙΑ

15. ΠΟΛΥΜΟΡΦΗ που ΥΓΕΙΑ δίνεις και την ΦΥΣΗ ορίζεις. ΘΥΣΙΑΖΟΥΜΕ ταύρους Ω ΕΠΟΥΡΑΝΙΑ για να έχουμε ΠΡΟΣΤΑΣΙΑ.

16.Και Συ ΟΜΟΟΥΣΙΕ και Συ ΑΕΤΟΦΟΡΕ, Ω ΕΠΟΥΡΑΝΙΟΙ, ΠΡΟΣΤΑΤΕΨΤΕ μας.

17. Οι ΑΝΘΡΩΠΟΙ έρχονται σήμερα και ΙΕΡΟΤΕΛΕΣΤΙΕΣ κάνουν

18. Για να ΣΤΕΛΝΕΤΕ την ΕΥΛΟΓΙΑ στα ΣΠΑΡΤΑ της γης και στους ΨΑΡΑΔΕΣ, που κι αυτοί ΘΥΣΙΑΖΟΥΝ για ΠΡΟΣΤΑΣΙΑ.

19.Τα ΚΑΡΑΒΙΑ όταν ταξιδεύουν να τα ΦΩΤΙΖΕΙΣ στην ρότα τους

20. ΠΑΤΕΡΑ επουράνιε που ΕΥΛΟΓΕΙΣ του ΕΞΑΓΝΙΣΜΟΥ το ιερό ΠΕΡΙΣΤΕΡΙ Ω ΕΠΟΥΡΑΝΙΕ ΠΡΟΣΤΑΤΕΥΕ μας.

21. Χάριζε ΑΦΘΟΝΙΑ ΕΝΕΡΓΕΙΑ και ΕΥΔΑΙΜΟΝΙΑ στους ΑΝΘΡΩΠΟΥΣ που ήρθαν

22. Θεά της ΦΥΣΗΣ αιώνια Μητέρα των πάντων ΔΩΣΕ στην ΕΥΔΑΙΜΟΝΙΑ να φτάσουν Ω ΕΠΟΥΡΑΝΙΑ που ΠΡΟΣΤΑΣΙΑ χαρίζεις.

23. Θεά της ΦΥΣΗΣ αιώνια Μητέρα των πάντων Εσύ ΟΜΟΟΥΣΙΕ του Πατέρα και Συ ΑΕΤΟΦΟΡΕ

24. ΔΩΣΤΕ εσείς, που ΟΔΗΓΕΙΤΕ ΤΗΝ ΜΗΤΕΡΑ ΓΗ Ω ΕΠΟΥΡΑΝΙΟΙ, ΠΡΟΣΤΑΣΙΑ.

25. Για να έχουμε ΓΕΝΝΑΙΟΔΩΡΙΑ στον ΙΕΡΟ ΤΟΠΟ ΘΥΣΙΑΖΟΥΜΕ

26. Ω ΕΠΟΥΡΑΝΙΟΙ για ΑΦΘΟΝΙΑ ΑΙΩΝΙΑ ΘΥΣΙΑΖΟΥΜΕ

27. Με ΨΑΡΙΑ, για ΕΝΕΡΓΕΙΑ και γονιμότητα στις ΓΥΝΑΙΚΕΣ Ω ΕΠΟΥΡΑΝΙΟΙ που ΠΡΟΣΤΑΣΙΑ χαρίζετε

28. Και η ΙΕΡΕΙΑ ΜΕΛΙΣΣΑ εδώ, με όλους τους ΜΥΗΜΕΝΟΥΣ.

29. ΑΦΘΟΝΙΑ ΑΙΩΝΙΑ στους ΜΥΗΜΕΝΟΥΣ

30. Ω ΕΠΟΥΡΑΝΙΟΙ, ΕΝΕΡΓΕΙΑ και αιώνια ζωή στα ΛΙΜΝΟΣΠΙΤΑ

31. ΟΔΗΓΕΙΣΤΕ τους ΑΝΘΡΩΠΟΥΣ που έρχονται και με ΜΟΥΣΙΚΗ γιορτάζουν Ω ΕΠΟΥΡΑΝΙΟΙ, ΠΡΟΣΤΑΣΙΑ να τους χαρίζετε.

ΥΜΝΟΣ ΤΗΣ ΦΑΙΣΤΟΥ Β΄ μέρος (part B)

Στίχος (VERSE) 32.

26.  ΔΟΧΕΙΟ ΛΑΔΙΟΥ (OIL CAN) / ΑΦΘΟΝΙΑ (ABUNDANCE)

31.  ΑΣΒΕΣΤΟ ΠΥΡ (ETERNAL FIRE) ΑΙΩΝΙΟ

 ABUNDANCE  ETERNAL

ΑΦΘΟΝΙΑ / ΑΙΩΝΙΑ

Στίχος(VERSE) 33.

22. <u>ΜΙΝΩΙΚΗ ΒΑΡΚΑ</u> (MINOAN BOAT) – ΨΑΡΑΔΕΣ (FISHERMEN)

13. <u>ΡΑΒΔΙ ΤΗΣ ΘΕΑΣ</u> (STAFF OF THE GODDESS) / ΕΥΛΟΓΙΑ (BLESSING)

33. <u>ΜΕΛΙΣΣΑ</u> (HONEYBEE) / ΙΕΡΕΙΑ (PRIESTESS)

34. <u>ΚΕΦΑΛΗ ΧΟΙΡΟΥ</u> (PIG'S HEAD) – ΜΥΗΜΕΝΟΙ (INITIATES)

-

 to the FISHERMEN.  BLESSING  to the HONEYBEE PRIESTESS  with all the INITIATES

στους ΨΑΡΑΔΕΣ./ ΕΥΛΟΓΙΑ / στην ΙΕΡΕΙΑ ΜΕΛΙΣΣΑ / και όλους τους ΜΥΗΜΕΝΟΥΣ

Στίχος (VERSE) 34.

26. <u>ΔΟΧΕΙΟ ΛΑΔΙΟΥ</u> (OIL CAN) / ΑΦΘΟΝΙΑ (ABUNDANCE)

13. <u>ΡΑΒΔΙ ΤΗΣ ΘΕΑΣ</u> (STAFF OF THE GODDESS) / ΕΥΛΟΓΙΑ (BLESSING)

8. <u>ΙΕΡΟ ΔΕΝΤΡΟ</u> (SACRED TREE) / ΦΥΣΗ (NATURE) ΘΕΑ (GODDESS)

18. <u>ΜΗΤΕΡΑ ΓΗ</u> (MOTHER EARTH)

11. <u>ΠΟΛΕΜΙΣΤΗΣ</u> (WARRIOR) ΠΡΟΣΤΑΣΙΑ (PROTECTION)

 ABUNDANCE,  BLESSING  grant GODDESS NATURE,  and You MOTHER EARTH.  as well as PROTECTION.

ΑΦΘΟΝΙΑ, / ΕΥΛΟΓΙΑ / χάριζε ΘΕΑ ΦΥΣΗ / και Συ ΜΗΤΕΡΑ ΓΗ / όπως και ΠΡΟΣΤΑΣΙΑ

Στίχος (VERSE) 35.

26. ΕΛΑΙΟ<u>ΔΟΧΕΙΟ</u> (OIL CAN) / ΑΦΘΟΝΙΑ (ABUNDANCE)

17. <u>ΠΑΡΑΠΟΜΠΗ</u> (REFERENCE) – ΔΕΙΚΤΙΚΟ (INDICATIVE)

25. ΠΥΡΣΟΣ (TORCH) / ΦΩΣ – ΦΩΤΙΣΜΟΣ (LIGHT – LIGHTING)

36. <u>ΚΕΦΑΛΗ ΚΡΙΟΥ</u> (RAM'S HEAD) / ΚΑΡΝΕΙΑ ΓΙΟΡΤΗ (KARNEIOS FEAST)

37. <u>ΚΑΠΑ</u> ΤΟΥ ΜΑΝΤΗ (CLOAK of HOLY SEER)

 to ABUNDANCE  LEAD  and SHED LIGHT on  the KARNEIOS FEAST  of the HOLY SEER

Στην ΑΦΘΟΝΙΑ / ΟΔΗΓΕΙΣΤΕ / και ΦΩΤΙΣΤΕ / τα ΚΑΡΝΕΙΑ του ΙΕΡΟΜΑΝΤΗ

Στίχος (VERSE) 36.

29.  ΧΕΡΙ (HAND) / ΓΕΝΝΑΙΟΔΩΡΙΑ (GENEROSITY)

26.  ΔΟΧΕΙΟ ΛΑΔΙΟΥ (OIL CAN) / ΑΦΘΟΝΙΑ (ABUNDANCE)

38.  ΑΝΘΙΣΜΕΝΑ ΚΛΑΔΙΑ (FLOWERING BRANCHES) / ΑΝΑΓΕΝΝΗΣΗ (REBIRTH)

34.  ΚΕΦΑΛΗ ΧΟΙΡΟΥ (PIG'S HEAD) – ΜΥΗΜΕΝΟΙ (INITIATES)

39.  ΣΥΜΒΟΛΟ (SYMBOL) – ΦΡΟΝΤΙΔΑ ΑΝΩΘΕΝ (CARE FROM ABOVE)

-

 GENEROSITY  in ABUNDANCE  and for the REBIRTH  of the INITIATES  take CARE from above.

ΓΕΝΝΑΙΟΔΩΡΙΑ / στην ΑΦΘΟΝΙΑ / και για την ΑΝΑΓΓΕΝΝΗΣΗ / των ΜΥΗΜΕΝΩΝ / ΦΡΟΝΤΙΣΤΕ

Στίχος (VERSE) 37.

35.  ΛΙΜΝΟΣΠΙΤΟ (LAKE HOUSE)

17.  ΠΑΡΑΠΟΜΠΗ (REFERENCE) – ΔΕΙΚΤΙΚΟ (INDICATIVE)

13.  <u>ΡΑΒΔΙ ΤΗΣ ΘΕΑΣ</u> (STAFF OF THE GODDESS) / ΕΥΛΟΓΙΑ (BLESSING)

26.  <u>ΔΟΧΕΙΟ ΛΑΔΙΟΥ</u> (OIL CAN) / ΑΦΘΟΝΙΑ (ABUNDANCE)

 to the LAKEHOUSES  LEAD  the BLESSING  and ABUNDANCE.

Στα ΛΙΜΝΟΣΠΙΤΑ /να ΟΔΗΓΕΙΤΕ /την ΕΥΛΟΓΙΑ /και την ΑΦΘΟΝΙΑ

Στίχος (VERSE) 38.

26.  <u>ΔΟΧΕΙΟ ΛΑΔΙΟΥ</u> (OIL CAN) / ΑΦΘΟΝΙΑ (ABUNDANCE)

31.  <u>ΑΣΒΕΣΤΟ ΠΥΡ</u> (ETERNAL FIRE) ΑΙΩΝΙΟ

26.  <u>ΔΟΧΕΙΟ ΛΑΔΙΟΥ</u> (OIL CAN) / ΑΦΘΟΝΙΑ (ABUNDANCE)

ABUNDANCE  ETERNAL  ABUNDANCE

ΑΦΘΟΝΙΑ / ΑΙΩΝΙΑ / ΑΦΘΟΝΙΑ

6TH CHAPTER

VERSE **32**.   ABUNDANCE ETERNAL

VERSE **33**.     to the FISHERMEN. BLESSING to the HONEYBEE PRIESTESS with all the INITIATES

VERSE **34**.  ABUNDANCE, BLESSING give GODDESS NATURE, and You MOTHER EARTH as well as PROTECTION.

VERSE **35**.  to ABUNDANCE LEAD and SHED LIGHT on the Karnean FEAST of the HOLY SEER

VERSE **36**.  GENEROSITY in ABUNDANCE and for the REBIRTH of the INITIATES take CARE from above.

VERSE **37**.  to the LAKEHOUSES LEAD the BLESSING and ABUNDANCE.

VERSE **38**.  ABUNDANCE ETERNAL ABUNDANCE

ΑΦΘΟΝΙΑ ΑΙΩΝΙΑ

στους ΨΑΡΑΔΕΣ. ΕΥΛΟΓΙΑ στην ΙΕΡΕΙΑ ΜΕΛΙΣΣΑ και όλους τους ΜΥΗΜΕΝΟΥΣ

ΑΦΘΟΝΙΑ, ΕΥΛΟΓΙΑ χάριζε ΘΕΑ ΦΥΣΗ και Συ ΜΗΤΕΡΑ ΓΗ όπως και ΠΡΟΣΤΑΣΙΑ

Στην ΑΦΘΟΝΙΑ ΟΓΗΓΕΙΣΤΕ και ΦΩΤΙΣΤΕ τα ΚΑΡΝΕΙΑ του ΙΕΡΟΜΑΝΤΗ

ΓΕΝΝΑΙΟΔΩΡΙΑ στην ΑΦΘΟΝΙΑ και για την ΑΝΑΓΓΕΝΝΗΣΗ των ΜΥΗΜΕΝΩΝ ΦΡΟΝΤΙΣΤΕ

Στα ΛΙΜΝΟΣΠΙΤΑ να ΟΔΗΓΕΙΤΕ την ΕΥΛΟΓΙΑ και την ΑΦΘΟΝΙΑ

ΑΦΘΟΝΙΑ ΑΙΩΝΙΑ ΑΦΘΟΝΙΑ

xxxxxxxxxxxxxxxxxxxxxxxxxxxxxxxxxxxxxxxxxxxxxxxxxxxxxxxxxxxxxxxxxxxxxxxxx
x

Στίχος (VERSE) 39.

8.  ΙΕΡΟ ΔΕΝΤΡΟ (SACRED TREE) / ΦΥΣΗ (NATURE) ΘΕΑ (GODDESS)

17.  ΠΑΡΑΠΟΜΠΗ (REFERENCE) – ΔΕΙΚΤΙΚΟ (INDICATIVE)

26.  ΔΟΧΕΙΟ ΛΑΔΙΟΥ (OIL CAN) / ΑΦΘΟΝΙΑ (ABUNDANCE)

 GODDESS OF NATURE, eternal mother of all  LEAD us  to ABUNDANCE.

ΘΕΑ ΤΗΣ ΦΥΣΗΣ αιώνια Μητέρα των πάντων, / ΟΔΗΓΗΣΕ μας / στην ΑΦΘΟΝΙΑ

Στίχος (VERSE) 40.

22.  ΜΙΝΩΙΚΗ ΒΑΡΚΑ (MINOAN BOAT) – ΨΑΡΑΔΕΣ (FISHERMEN)

13.  ΡΑΒΔΙ ΤΗΣ ΘΕΑΣ (STAFF OF THE GODDESS) / ΕΥΛΟΓΙΑ (BLESSING)

33.  ΜΕΛΙΣΣΑ (HONEYBEE) / ΙΕΡΕΙΑ (PRIESTESS)

9.  ΔΕΡΜΑ ΤΑΥΡΟΥ (BULL SKIN) – ΘΥΣΙΑ (SACRIFICES)

 the FISHERMEN  BLESS,  who with the HONEYBEE PRIESTESS  offer SACRIFICE.

Τους ΨΑΡΑΔΕΣ / να έχεις ΕΥΛΟΓΗΜΕΝΟΥΣ / που με την ΙΕΡΕΙΑ ΜΕΛΙΣΣΑ / ΘΥΣΙΑΖΟΥΝ

Στίχος (VERSE) 41.

29.  <u>ΧΕΡΙ</u> (HAND) / ΓΕΝΝΑΙΟΔΩΡΙΑ (GENEROSITY)

26.  <u>ΔΟΧΕΙΟ ΛΑΔΙΟΥ</u> (OIL CAN) / ΑΦΘΟΝΙΑ (ABUNDANCE)

38.  <u>ΑΝΘΙΣΜΕΝΑ ΚΛΑΔΙΑ</u> (FLOWERING BRANCHES) / ΑΝΑΓΕΝΝΗΣΗ (REBIRTH)

34.  <u>ΚΕΦΑΛΗ ΧΟΙΡΟΥ</u> (PIG'S HEAD) – ΜΥΗΜΕΝΟΙ (INITIATES)

39.  <u>ΣΥΜΒΟΛΟ</u> (SYMBOL) – ΦΡΟΝΤΙΔΑ ΑΝΩΘΕΝ (CARE FROM ABOVE)

-

 GENEROUSLY  in ABUNDANCE  and for the REBIRTH  of the INITIATES  take CARE from above.

ΓΕΝΝΑΙΟΔΩΡΙΑ / στην ΑΦΘΟΝΙΑ / και για την ΑΝΑΓΕΝΝΗΣΗ / των ΜΥΗΜΕΝΩΝ / ΦΡΟΝΤΙΣΤΕ.

Στίχος (VERSE) 42.

26.  ΕΛΑΙΟ<u>ΔΟΧΕΙΟ</u> (OIL CAN) / ΑΦΘΟΝΙΑ (ABUNDANCE)

31.  ΑΣΒΕΣΤΟ ΠΥΡ (ETERNAL FIRE) ΑΙΩΝΙΟ

34.  ΚΕΦΑΛΗ ΧΟΙΡΟΥ (PIG'S HEAD) – ΜΥΗΜΕΝΟΙ (INITIATES)

 ABUNDANCE  ETERNAL  to the INITIATES.

ΑΦΘΟΝΙΑ / ΑΙΩΝΙΑ / στους ΜΥΗΜΕΝΟΥΣ

Στίχος (VERSE) 43

5.  ΔΙΑΥΛΟΣ (DOUBLE FLUTE) – ΜΟΥΣΙΚΗ (MUSIC) – ΓΙΟΡΤΗ (FEAST/CELEBRATE)

. 29.  ΧΕΡΙ (HAND) / ΓΕΝΝΑΙΟΔΩΡΙΑ (GENEROSITY)

34.  ΚΕΦΑΛΗ ΧΟΙΡΟΥ (PIG'S HEAD) – ΜΥΗΜΕΝΟΙ (INITIATES)

-

 With MUSIC we celebrate today  so they have GENEROSITY  the INITIATES.

Με ΜΟΥΣΙΚΗ γιορτάζουμε σήμερα / για να έχουν ΓΕΝΝΑΙΟΔΩΡΙΑ / οι ΜΥΗΜΕΝΟΙ

Στίχος (VERSE) 44.

29.  ΧΕΡΙ (HAND) / ΓΕΝΝΑΙΟΔΩΡΙΑ (GENEROSITY)

26.  <u>ΔΟΧΕΙΟ ΛΑΔΙΟΥ</u> (OIL CAN) / ΑΦΘΟΝΙΑ (ABUNDANCE)

38.  <u>ΑΝΘΙΣΜΕΝΑ ΚΛΑΔΙΑ</u> (FLOWERING BRANCHES) / ΑΝΑΓΕΝΝΗΣΗ (REBIRTH)

34.  <u>ΚΕΦΑΛΗ ΧΟΙΡΟΥ</u> (PIGS' HEAD) – ΜΥΗΜΕΝΟΙ (INITIATES)

GENEROSITY  in ABUNDANCE  and REBIRTH  to the INITIATES.

ΓΕΝΝΑΙΟΔΩΡΙΑ στην ΑΦΘΟΝΙΑ και ΑΝΑΓΓΕΝΝΗΣΗ στους ΜΥΗΜΕΝΟΥΣ

7TH CHAPTER

Verse **39.**  GODDESS OF NATURE, eternal mother of all LEAD us to ABUNDANCE.

Verse **40.**  The FISHERMEN BLESS, who with the HONEYBEE PRIESTESS offer SACRIFICE.

Verse **41.** 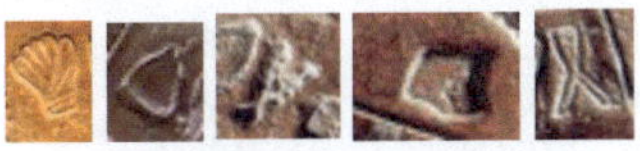 GENEROSITY in ABUNDANCE and for the REBIRTH of the INITIATES take CARE from above.

Verse **42.**  ABUNDANCE ETERNAL to the INITIATES.

Verse **43.**  With MUSIC we celebrate today so they enjoy GENEROSITY the INITIATES.

Verse **44.**  GENEROSITY in ABUNDANCE and REBIRTH to the INITIATES.

ΘΕΑ ΤΗΣ ΦΥΣΗΣ αιώνια Μητέρα των πάντων, ΟΔΗΓΗΣΕ μας στην ΑΦΘΟΝΙΑ

Τους ΨΑΡΑΔΕΣ να έχεις ΕΥΛΟΓΗΜΕΝΟΥΣ που με την ΙΕΡΕΙΑ ΜΕΛΙΣΣΑ ΘΥΣΙΑΖΟΥΝ

ΓΕΝΝΑΙΟΔΩΡΙΑ στην ΑΦΘΟΝΙΑ και για την ΑΝΑΓΓΕΝΝΗΣΗ των ΜΥΗΜΕΝΩΝ ΦΡΟΝΤΙΣΤΕ.

ΑΦΘΟΝΙΑ ΑΙΩΝΙΑ στους ΜΥΗΜΕΝΟΥΣ

Με ΜΟΥΣΙΚΗ γιορτάζουμε σήμερα για να έχουν ΓΕΝΝΑΙΟΔΩΡΙΑ οι ΜΥΗΜΕΝΟΙ

ΓΕΝΝΑΙΟΔΩΡΙΑ στην ΑΦΘΟΝΙΑ και ΑΝΑΓΓΕΝΝΗΣΗ στους ΜΥΗΜΕΝΟΥΣ

xxxxxxxxxxxxxxxxxxxxxxxxxxxxxxxxxxxxxxxxxxxxxxxxxxxxxxxxxxxxxxxxxxxxxxxxxx
x

Στίχος (VERSE) 45.

4.  ΜΙΝΩΙΤΗΣ (MINOAN) – ΑΝΘΡΩΠΟΣ (HUMAN) - ΕΡΧΕΤΑΙ (COMES)

9.  ΔΕΡΜΑ ΤΑΥΡΟΥ (BULL SKIN) – ΘΥΣΙΑ (SACRIFICE)

37.  ΚΑΠΑ ΤΟΥ ΜΑΝΤΗ (CAPE of HOLY SEER)

11.  ΠΟΛΕΜΙΣΤΗΣ (WARRIOR) ΠΡΟΣΤΑΣΙΑ (PROTECTION)

-

PEOPLE came today  and offered SACRIFICE  with the HOLY SEER  for PROTECTION.

Οι ΑΝΘΡΩΠΟΙ ήρθαν σήμερα / και ΘΥΣΙΑ / με τον ΙΕΡΟΜΑΝΤΗ έκαναν, / για ΠΡΟΣΤΑΣΙΑ

Στίχος (VERSE) 46.

23. <u>ΨΑΡΙ</u> (FISH)

25. ΠΥΡΣΟΣ (TORCH) / ΦΩΣ – ΦΩΤΙΣΜΟΣ (LIGHT – LIGHTING)

19. <u>ΠΕΡΙΣΤΕΡΙ</u> (PIGEON)- ΕΞΑΓΝΙΣΜΟΣ (PURIFICATION)

8. <u>ΙΕΡΟ ΔΕΝΤΡΟ</u> (SACRED TREE) / ΦΥΣΗ (NATURE) ΘΕΑ (GODDESS)

18. <u>ΜΗΤΕΡΑ ΓΗ</u> (MOTHER EARTH)

-

With FISH they came  so it SHEDS LIGHT on them  the PURIFICATION holy pigeon  ETERNAL MOTHER of all  and MOTHER EARTH.

Με ΨΑΡΙΑ ήρθαν / για να τους ΦΩΤΙΖΕΙ / του ΕΞΑΓΝΙΣΜΟΥ το ιερό περιστέρι. / ΑΙΩΝΙΑ ΜΗΤΕΡΑ των πάντων / και ΜΗΤΕΡΑ ΓΗ

Στίχος (VERSE) 47.

4. <u>ΜΙΝΩΙΤΗΣ</u> (MINOAN) – ΑΝΘΡΩΠΟΣ (HUMAN) - ΕΡΧΕΤΑΙ (COMES)

23. <u>ΨΑΡΙ</u> (FISH)

34. <u>ΚΕΦΑΛΗ ΧΟΙΡΟΥ</u> (PIG'S HEAD) – ΜΥΗΜΕΝΟΙ (INITIATES)

PEOPLE came today  with FISH  and the INITIATES together

Οι ΑΝΘΡΩΠΟΙ ήρθαν / με ΨΑΡΙΑ / και οι ΜΥΗΜΕΝΟΙ μαζί

Στίχος (VERSE) 48.

17. <u>ΠΑΡΑΠΟΜΠΗ</u> (REFERENCE) – ΔΕΙΚΤΙΚΟ (INDICATIVE)

20. <u>ΔΙΔΥΜΟΙ ΛΟΦΟΙ</u> (TWIN HILS) – ΑΝΑΚΤΟΡΑ ΦΑΙΣΤΟΥ (PALACE OF PHAISTOS)

40. <u>ΔΟΝΤΙ ΚΑΠΡΟΥ</u> (BOAR'S HUSK) – ΒΑΣΙΛΙΚΟ ΚΥΝΗΓΙ (ROYAL HUNT) / ΒΑΣΙΛΙΑΣ (KING)

All CAME  to the TWIN HILLS at the palace  of our KING

ΗΡΘΑΝ όλοι / στους ΔΙΔΥΜΟΥΣ ΛΟΦΟΥΣ στα ανάκτορα / του ΒΑΣΙΛΙΑ μας

Στίχος (VERSE) 49.

8. <u>ΙΕΡΟ ΔΕΝΤΡΟ</u> (SACRED TREE) / ΦΥΣΗ (NATURE) ΘΕΑ (GODDESS)

41.  <u>ΚΟΧΛΙΑΣ</u> (COCHLEA) ΟΣΤΡΑΚΟ (SHELL)

35. 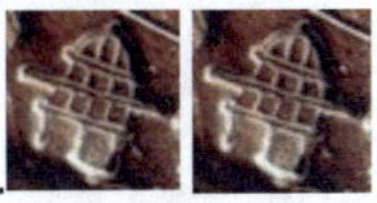 <u>ΛΙΜΝΟΣΠΙΤΟ</u> (LAKEHOUSE)

34.  <u>ΚΕΦΑΛΗ ΧΟΙΡΟΥ</u> (PIG'S HEAD) – ΜΥΗΜΕΝΟΙ (INITIATES)

-

 For you ETERNAL MOTHER of all  who in the holy COCHLEA  in the LAKEHOUSES  of the INITIATES reside

Για Σε ΑΙΩΝΙΑ ΜΗΤΕΡΑ των πάντων, / που στον ιερό ΚΟΧΛΙΑ / μέσα στα ΛΙΜΝΟΣΠΙΤΑ / των ΜΥΗΜΕΝΩΝ κατοικείς

8TH CHAPTER

VERSE **45.**  PEOPLE came today and offered SACRIFICE with the HOLY SEER for PROTECTION.

 With FISH they came so it SHEDS LIGHT on them the PURIFICATION holy pigeon ETERNAL MOTHER of all and MOTHER EARTH.

 PEOPLE came today with FISH and the INITIATES together

 All CAME to the TWIN HILLS at the palace of our KING

 For you ETERNAL MOTHER of all who in the holy COCHLEA in the LAKEHOUSES of the INITIATES reside

Οι ΑΝΘΡΩΠΟΙ ήρθαν σήμερα και ΘΥΣΙΑ με τον ΙΕΡΟΜΑΝΤΗ έκαναν, για ΠΡΟΣΤΑΣΙΑ

Με ΨΑΡΙΑ ήρθαν για να τους ΦΩΤΙΖΕΙ του ΕΞΑΓΝΙΣΜΟΥ το ιερό περιστέρι. ΑΙΩΝΙΑ ΜΗΤΕΡΑ των πάντων και ΜΗΤΕΡΑ ΓΗ

Οι ΑΝΘΡΩΠΟΙ ήρθαν με ΨΑΡΙΑ και οι ΜΥΗΜΕΝΟΙ μαζί

ΗΡΘΑΝ όλοι στους ΔΙΔΥΜΟΥΣ ΛΟΦΟΥΣ στα ανάκτορα του ΒΑΣΙΛΙΑ μας

Για Σε ΑΙΩΝΙΑ ΜΗΤΕΡΑ των πάντων, που στον ιερό ΚΟΧΛΙΑ μέσα στα ΛΙΜΝΟΣΠΙΤΑ των ΜΥΗΜΕΝΩΝ κατοικείς

Στίχος (VERSE) 50.

4.  <u>ΜΙΝΩΙΤΗΣ</u> (MINOAN) – ΑΝΘΡΩΠΟΣ (HUMAN) - ΕΡΧΕΤΑΙ (COMES)

1.  <u>ΡΟΔΑΚΑΣ</u> (ROSETTE) – ΗΛΙΟΣ ΘΕΟΣ (SUN GOD) - ΕΠΟΥΡΑΝΙΟΣ (HEAVENLY) / ΖΩΟΔΟΤΗΣ (LIFE GIVER) - ΠΑΤΕΡΑΣ (FATHER)

22.  <u>ΜΙΝΩΙΚΗ ΒΑΡΚΑ</u> (MINOAN BOAT) – ΨΑΡΑΔΕΣ (FISHERMEN)

9.  <u>ΔΕΡΜΑ ΤΑΥΡΟΥ</u> (BULL SKIN) – ΘΥΣΙΑ (SACRIFICE)

-

The PEOPLE who came today  heavenly FATHER  and the FISHERMEN together offered SACRIFICE.

Οι ΑΝΘΡΩΠΟΙ που ήρθαν σήμερα / ΠΑΤΕΡΑ επουράνιε / και οι ΨΑΡΑΔΕΣ μαζί, / ΘΥΣΙΑ έκαναν

Στίχος (VERSE) 51.

27.  <u>ΣΚΑΡΑΒΑΙΟΣ</u> (SCARAB) / ΕΝΕΡΓΕΙΑ – ΑΙΩΝΙΑ ΖΩΗ (ENERGY – ETERNAL LIFE)

38. 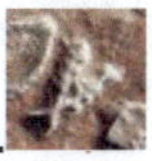 <u>ΑΝΘΙΣΜΕΝΑ ΚΛΑΔΙΑ</u> (FLOWERING BRANCHES) / ΑΝΑΓΕΝΝΗΣΗ (REBIRTH)

14.  <u>ΙΕΡΟ ΚΕΡΑΤΟ</u> (SACRED HORN) ΑΙΓΑΣ / ΤΑΥΡΟΥ (GOAT'S / BULL'S) - (ΠΑΤΕΡΑΣ - ΥΙΟΣ) – (FATHER – SON)- ΟΜΟΟΥΣΙΟΣ - CONSUBSTANTIAL

11.  <u>ΠΟΛΕΜΙΣΤΗΣ</u> (WARRIOR) ΠΡΟΣΤΑΣΙΑ (PROTECTION)

For ENERGY, eternal life  and REBIRTH  COSUBSTANTIAL to the Father  and PROTECTION.

Για ΕΝΕΡΓΕΙΑ, αιώνια ζωή, / ΑΝΑΓΕΝΝΗΣΗ, / ΟΜΟΟΥΣΙΕ του Πατέρα / και ΠΡΟΣΤΑΣΙΑ

Στίχος (VERSE) 52.

8.  <u>ΙΕΡΟ ΔΕΝΤΡΟ</u> (SACRED TREE) / ΦΥΣΗ (NATURE) ΘΕΑ (GODDESS)

27.  ΣΚΑΡΑΒΑΙΟΣ (SCARAB) / ΕΝΕΡΓΕΙΑ – ΑΙΩΝΙΑ ΖΩΗ (ENERGY – ETERNAL LIFE)

35.  ΛΙΜΝΟΣΠΙΤΟ (LAKE HOUSE)

26.  ΕΛΑΙΟΔΟΧΕΙΟ(OIL CAN) / ΑΦΘΟΝΙΑ (ABUNDANCE)

-

And You ETERNAL MOTHER of all  grant ENERGY, eternal life  to the LAKEHOUSES  and ABUNDANCE

Και Συ ΑΙΩΝΙΑ ΜΗΤΕΡΑ των πάντων, / χάριζε ΕΝΕΡΓΕΙΑ, αιώνια ζωή στα ΛΙΜΝΟΣΠΙΤΑ / και ΑΦΘΟΝΙΑ

Στίχος (VERSE) 53.

22.  ΜΙΝΩΙΚΗ ΒΑΡΚΑ (MINOAN BOAT) – ΨΑΡΑΔΕΣ (FISHERMEN)

42.  ΛΙΜΝΗ (LAKE) ΠΑΡΑΣΤΑΤΙΚΗ (DEMONSTRATIVE)

7.  ΡΑΒΔΙ ΑΣΚΛΗΠΙΟΥ (STAFF OF ASCLEPIUS) / ΥΓΕΙΑ (HEALTH)

39.  ΣΥΜΒΟΛΟ (SYMBOL) – ΦΡΟΝΤΙΔΑ ΑΝΩΘΕΝ (CARE FROM ABOVE)

--

To the FISHERMEN  who on the LAKE float  give HEALTH  and from above take CARE

Στους ΨΑΡΑΔΕΣ που στην ΛΙΜΝΗ πλέουν, ΥΓΕΙΑ να δίνεις και από ΑΝΩΘΕΝ να τους ΦΡΟΝΤΙΖΕΙΣ

Στίχος (VERSE) 54.

17. ΠΑΡΑΠΟΜΠΗ (REFERENCE) – ΔΕΙΚΤΙΚΟ (INDICATIVE)

4. ΜΙΝΩΙΤΗΣ (MINOAN) – ΑΝΘΡΩΠΟΣ (HUMAN) - ΕΡΧΕΤΑΙ (COMES)

5. ΔΙΑΥΛΟΣ (DOUBLE FLUTE) – ΜΟΥΣΙΚΗ (MUSIC) – ΓΙΟΡΤΗ (FEAST/CELEBRATE)

26. ΔΟΧΕΙΟ ΛΑΔΙΟΥ (OIL CAN) / ΑΦΘΟΝΙΑ (ABUNDANCE)

43. ΤΣΕΚΟΥΡΙ (AXE) ΓΙΑ ΚΥΝΗΓΙ (TOMAHAWK, FOR HUNTING)

LEAD  the PEOPLE who came  with MUSIC to celebrate  to have ABUNDANCE  in their HUNT.

Να ΟΔΗΓΕΙΣ / τους ΑΝΘΡΩΠΟΥΣ που ήρθαν / και με ΜΟΥΣΙΚΗ γιορτάζουν, / στην ΑΦΘΟΝΙΑ / στο ΚΥΝΗΓΙ

Στίχος (VERSE) 55.

23. <u>ΨΑΡΙ</u> (FISH)

25. ΠΥΡΣΟΣ (TORCH) / ΦΩΣ – ΦΩΤΙΣΜΟΣ (LIGHT – LIGHTING)

4. <u>ΜΙΝΩΙΤΗΣ</u> (MINOAN) – ΑΝΘΡΩΠΟΣ (HUMAN) - ΕΡΧΕΤΑΙ (COMES)

5. <u>ΔΙΑΥΛΟΣ</u> (DOUBLE FLUTE) – ΜΟΥΣΙΚΗ (MUSIC) – ΓΙΟΡΤΗ (FEAST/CELEBRATE)

-

and FISHING.  Shed LIGHT  the PEOPLE who came  and with MUSIC celebrate

Και στο ψάρεμα. Να ΦΩΤΙΖΕΙΣ τους ΑΝΘΡΩΠΟΥΣ που με ΜΟΥΣΙΚΗ γιορτάζουν.

9TH CHAPTER

VERSE **50.**     The PEOPLE who came today heavenly FATHER and the FISHERMEN together offered SACRIFICE

VERSE **51.**     For ENERGY, eternal life and REBIRTH COSUBSTANTIAL to the father, and PROTECTION.

VERSE **52.**     And You ETERNAL MOTHER of all grant ENERGY, eternal life to the LAKE HOUSES and ABUNDANCE

VERSE **53.**     To the FISHERMEN who on the LAKE float give HEALTH and from above CARE for them

VERSE **54.**  LEAD the PEOPLE who came with MUSIC to celebrate to have ABUNDANCE in their HUNT.

VERSE **55.**  and FISHING. Shed LIGHT the PEOPLE who came and with MUSIC celebrate.

Οι ΑΝΘΡΩΠΟΙ που ήρθαν σήμερα ΠΑΤΕΡΑ επουράνιε και οι ΨΑΡΑΔΕΣ μαζί, ΘΥΣΙΑ έκαναν

Για ΕΝΕΡΓΕΙΑ, αιώνια ζωή, ΑΝΑΓΕΝΝΗΣΗ, ΟΜΟΟΥΣΙΕ του Πατέρα και ΠΡΟΣΤΑΣΙΑ

Και Συ ΑΙΩΝΙΑ ΜΗΤΕΡΑ των πάντων, χάριζε ΕΝΕΡΓΕΙΑ, αιώνια ζωή στα ΛΙΜΝΟΣΠΙΤΑ και ΑΦΘΟΝΙΑ

Στους ΨΑΡΑΔΕΣ που στην ΛΙΜΝΗ πλέουν, ΥΓΕΙΑ να δίνεις και από ΑΝΩΘΕΝ να τους ΦΡΟΝΤΙΖΕΙΣ

Να ΟΔΗΓΕΙΣ τους ΑΝΘΡΩΠΟΥΣ που ήρθαν και με ΜΟΥΣΙΚΗ γιορτάζουν, στην ΑΦΘΟΝΙΑ στο ΚΥΝΗΓΙ

και στο ψάρεμα. Να ΦΩΤΙΖΕΙΣ τους ΑΝΘΡΩΠΟΥΣ που με ΜΟΥΣΙΚΗ γιορτάζουν.

Στίχος (VERSE) 56.

44.  <u>ΑΝΑΠΟΔΗ ΠΥΡΑΜΙΔΑ</u> (UPSIDE DOWN PYRAMID) ΠΡΟΣΔΟΚΙΕΣ – ΕΠΙΘΥΜΙΕΣ (EXPECTATIONS)

17.  <u>ΠΑΡΑΠΟΜΠΗ</u> (REFERENCE) – ΔΕΙΚΤΙΚΟ (INDICATIVE)

13.  <u>ΡΑΒΔΙ ΤΗΣ ΘΕΑΣ</u> (STAFF OF THE GODDESS) / ΕΥΛΟΓΙΑ (BLESSING)

40.  <u>ΔΟΝΤΙ ΚΑΠΡΟΥ</u> (BOAR'S HUSK) – ΒΑΣΙΛΙΚΟ ΚΥΝΗΓΙ (ROYAL HUNT) / ΒΑΣΙΛΙΑΣ (KING)

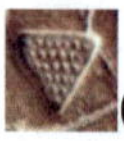Our EXPECTATIONS  LEAD  and BLESS  our KING

Τις ΠΡΟΣΔΟΚΙΕΣ μας / ΟΔΗΓΗΣΕ / και ΕΥΛΟΓΗΜΕΝΟ να έχεις / τον ΒΑΣΙΛΙΑ μας

Στίχος (VERSE) 57.

10. <u>ΟΥΡΑΝΟΣ</u> ΕΠΙΚΛΗΣΗ / ΠΡΟΣΦΩΝΗΣΗ (SKY – INVOCATION)

41. <u>ΚΟΧΛΙΑΣ</u> (COCHLEA) ΟΣΤΡΑΚΟ (SHELL)

35. <u>ΛΙΜΝΟΣΠΙΤΟ</u> (LAKE HOUSE)

23. <u>ΨΑΡΙ</u> (FISH)

 O CELESTIAL ONE  who reside in the holy COCHLEA  in the LAKE HOUSES  with the FISH

Ω ΕΠΟΥΡΑΝΙΑ / που στον ιερό ΚΟΧΛΙΑ κατοικείς, / στα ΛΙΜΝΟΣΠΙΤΑ / με τα ΨΑΡΙΑ.

Στίχος (VERSE) 58.

9. <u>ΔΕΡΜΑ ΤΑΥΡΟΥ</u> (BULL SKIN) – ΘΥΣΙΑ (SACRIFICE)

22. <u>ΜΙΝΩΙΚΗ ΒΑΡΚΑ</u> (MINOAN BOAT) – ΨΑΡΑΔΕΣ (FISHERMEN)

39. <u>ΣΥΜΒΟΛΟ</u> (SYMBOL) – ΦΡΟΝΤΙΔΑ ΑΝΩΘΕΝ (CARE FROM ABOVE)

-

We offered SACRIFICE  and the FISHERMEN together  so we have your CARE

ΘΥΣΙΕΣ κάναμε / και οι ΨΑΡΑΔΕΣ μαζί, / για να έχουμε την ΦΡΟΝΤΙΔΑ σας.

Στίχος (VERSE) 59.

45. <u>ΠΑΙΔΙ</u> (MINOAN CHILD)

13. <u>ΡΑΒΔΙ ΤΗΣ ΘΕΑΣ</u> (STAFF OF THE GODDESS) / ΕΥΛΟΓΙΑ (BLESSING)

7. <u>ΡΑΒΔΙ ΑΣΚΛΗΠΙΟΥ</u> (STAFF OF ASCEPIUS) / ΥΓΕΙΑ (HEALTH)

11. <u>ΠΟΛΕΜΙΣΤΗΣ</u> (WARRIOR) ΠΡΟΣΤΑΣΙΑ (PROTECTION)

-

The CHILDREN  keep BLESSED,  give them HEALTH  and PROTECTION

Τα ΠΑΙΔΙΑ / να έχεις ΕΥΛΟΓΗΜΕΝΑ, / ΥΓΕΙΑ να τα χαρίζεις / και ΠΡΟΣΤΑΣΙΑ

Στίχος (VERSE) 60.

8. ΙΕΡΟ ΔΕΝΤΡΟ (SACRED TREE) / ΦΥΣΗ (NATURE) ΘΕΑ (GODDESS)

26. ΔΟΧΕΙΟ ΛΑΔΙΟΥ (OIL CAN) / ΑΦΘΟΝΙΑ (ABUNDANCE)

31. ΑΣΒΕΣΤΟ ΠΥΡ (ETERNAL FIRE) ΑΙΩΝΙΟ

9. ΔΕΡΜΑ ΤΑΥΡΟΥ (BULL SKIN) – ΘΥΣΙΑ (SACRIFICE)

 GODDESS OF NATURE, eternal mother of all for ABUNDANCE 

ETERNAL  we offered SACRIFICE

ΘΕΑ ΤΗΣ ΦΥΣΗΣ, αιώνια Μητέρα των πάντων,/ για ΑΦΘΟΝΙΑ / στους ΑΙΩΝΕΣ / ΘΥΣΙΑ κάναμε

Στίχος (VERSE) 61.

26. ΔΟΧΕΙΟ ΛΑΔΙΟΥ (OIL CAN) / ΑΦΘΟΝΙΑ (ABUNDANCE)

27. ΣΚΑΡΑΒΑΙΟΣ (SCARAB) / ΕΝΕΡΓΕΙΑ – ΑΙΩΝΙΑ ΖΩΗ (ENERGY – ETERNAL LIFE)

39. ΣΥΜΒΟΛΟ (SYMBOL) – ΦΡΟΝΤΙΔΑ ΑΝΩΘΕΝ (CARE FROM ABOVE)

10. ΟΥΡΑΝΟΣ ΕΠΙΚΛΗΣΗ / ΠΡΟΣΦΩΝΗΣΗ (SKY – INVOCATION)

11. <u>ΠΟΛΕΜΙΣΤΗΣ</u> (WARRIOR) ΠΡΟΣΤΑΣΙΑ (PROTECTION)

For ABUNDANCE,  ENERGY, eternal life,  CARE for us  O CELESTIAL ONES  and PROTECTION.

Για ΑΦΘΟΝΙΑ, / ΕΝΕΡΓΕΙΑ, αιώνια ζωή, / να ΦΡΟΝΤΙΖΕΤΕ / Ω ΕΠΟΥΡΑΝΙΟΙ / και ΠΡΟΣΤΑΣΙΑ

10TH CHAPTER

VERSE **56.**  Our EXPECTATIONS LEAD and BLESS our KING

VERSE **57.**  O CELESTIAL ONE who reside in the holy COCHLEA in the LAKE HOUSES with the FISH

VERSE **58.**  We offered SACRIFICE and the FISHERMEN together so we have your CARE

VERSE **59.**  The CHILDREN keep BLESSED, give them HEALTH and PROTECTION

VERSE **60.**  GODDESS OF NATURE, eternal mother of all for ABUNDANCE ETERNAL we offered SACRIFICE

VERSE **61.**  For ABUNDANCE, ENERGY, eternal life, CARE for O CELESTIAL ONES and PROTECTION.

Τις ΠΡΟΣΔΟΚΙΕΣ μας ΟΔΗΓΗΣΕ και ΕΥΛΟΓΗΜΕΝΟ να έχεις τον ΒΑΣΙΛΙΑ μας

Ω ΕΠΟΥΡΑΝΙΑ που στον ιερό ΚΟΧΛΙΑ κατοικείς, στα ΛΙΜΝΟΣΠΙΤΑ με τα ΨΑΡΙΑ.

ΘΥΣΙΕΣ κάναμε και οι ΨΑΡΑΔΕΣ μαζί, για να έχουμε την ΦΡΟΝΤΙΔΑ σας.

Τα ΠΑΙΔΙΑ να έχεις ΕΥΛΟΓΗΜΕΝΑ, ΥΓΕΙΑ να τα χαρίζεις και ΠΡΟΣΤΑΣΙΑ

ΘΕΑ ΤΗΣ ΦΥΣΗΣ, αιώνια Μητέρα των πάντων, για ΑΦΘΟΝΙΑ στους ΑΙΩΝΕΣ / ΘΥΣΙΕΣ κάναμε

Για ΑΦΘΟΝΙΑ, ΕΝΕΡΓΕΙΑ, αιώνια ζωή, να ΦΡΟΝΤΙΖΕΤΕ Ω ΕΠΟΥΡΑΝΙΟΙ και ΠΡΟΣΤΑΣΙΑ

HYMN (part B)

32. ABUNDANCE ETERNAL

33. to the FISHERMEN. BLESSING to the HONEYBEE PRIESTESS with all the INITIATES

34. ABUNDANCE, BLESSING give GODDESS NATURE, and You MOTHER EARTH as well as PROTECTION.

35. To ABUNDANCE LEAD and SHED LIGHT on the FEAST of the HOLY SEER

36. GENEROSITY in ABUNDANCE and for the REBIRTH of the INITIATES take CARE from above.

37. To the LAKE HOUSES LEAD the BLESSING and ABUNDANCE.

38. ABUNDANCE ETERNAL ABUNDANCE

39. GODDESS OF NATURE, eternal mother of all LEAD us to ABUNDANCE.

40. The FISHERMEN BLESS, who with the HONEYBEE PRIESTESS offer SACRIFICE.

41. GENEROSITY in ABUNDANCE and for the REBIRTH of the INITIATES take CARE from above.

42. ABUNDANCE ETERNAL to the INITIATES.

43. With MUSIC we celebrate today so they have GENEROSITY the INITIATES.

44. GENEROSITY in ABUNDANCE and REBIRTH to the INITIATES.

45. PEOPLE came today and offered SACRIFICE with the HOLY SEER for PROTECTION.

46. With FISH they came so it SHEDS LIGHT on them the PURIFICATION holy pigeon ETERNAL MOTHER of all and MOTHER EARTH.

47. PEOPLE came today with FISH and the INITIATES together

48. All CAME to the TWIN HILLS at the palace of our KING

49. For You ETERNAL MOTHER of all who in the holy COCHLEA in the LAKE HOUSES of the INITIATES reside

50. The PEOPLE who came today heavenly FATHER and the FISHERMEN together offered SACRIFICES

51. For ENERGY, eternal life and REBIRTH COSUBSTANTIAL to the Father and PROTECTION.

52. And You ETERNAL MOTHER of all grant ENERGY, eternal life to the LAKE HOUSES and ABUNDANCE

53. To the FISHERMEN who on the LAKE float give HEALTH and from above take CARE

54. LEAD the PEOPLE who came with MUSIC to celebrate to have ABUNDANCE in their HUNT.

55. and FISHING. Shed LIGHT the PEOPLE who came and with MUSIC celebrate.

56. Our EXPECTATIONS LEAD and BLESS our KING

57. O CELESTIAL ONE You who reside in the holy COCHLEA in the LAKEHOUSES with the FISH

58. We offered SACRIFICE and the FISHERMEN together so we have your CARE

59. The CHILDREN keep BLESSED, give them HEALTH and PROTECTION

60. GODDESS OF NATURE, ETERNAL MOTHER of all for ABUNDANCE ETERNAL we offered SACRIFICE

61. For ABUNDANCE, ENERGY, eternal life, CARE for O CELESTIAL ONES and PROTECTION.

ΥΜΝΟΣ (μέρος Β΄)

32. ΑΦΘΟΝΙΑ ΑΙΩΝΙΑ

33. στους ΨΑΡΑΔΕΣ. ΕΥΛΟΓΙΑ στην ΙΕΡΕΙΑ ΜΕΛΙΣΣΑ και όλους τους ΜΥΗΜΕΝΟΥΣ

34. ΑΦΘΟΝΙΑ, ΕΥΛΟΓΙΑ χάριζε ΘΕΑ ΦΥΣΗ και Συ ΜΗΤΕΡΑ ΓΗ όπως και ΠΡΟΣΤΑΣΙΑ

35. Στην ΑΦΘΟΝΙΑ ΟΔΗΓΕΙΣΤΕ και ΦΩΤΙΣΤΕ τα ΚΑΡΝΕΙΑ του ΙΕΡΟΜΑΝΤΗ

36. ΓΕΝΝΑΙΟΔΩΡΙΑ στην ΑΦΘΟΝΙΑ και για την ΑΝΑΓΓΕΝΝΗΣΗ των ΜΥΗΜΕΝΩΝ ΦΡΟΝΤΙΣΤΕ

37. Στα ΛΙΜΝΟΣΠΙΤΑ να ΟΔΗΓΕΙΤΕ την ΕΥΛΟΓΙΑ και την ΑΦΘΟΝΙΑ

38. ΑΦΘΟΝΙΑ ΑΙΩΝΙΑ ΑΦΘΟΝΙΑ

39. ΘΕΑ ΤΗΣ ΦΥΣΗΣ αιώνια Μητέρα των πάντων, ΟΔΗΓΗΣΕ μας στην ΑΦΘΟΝΙΑ

40. Τους ΨΑΡΑΔΕΣ να έχεις ΕΥΛΟΓΗΜΕΝΟΥΣ που με την ΙΕΡΕΙΑ ΜΕΛΙΣΣΑ ΘΥΣΙΑΖΟΥΝ

41. ΓΕΝΝΑΙΟΔΩΡΙΑ στην ΑΦΘΟΝΙΑ και για την ΑΝΑΓΓΕΝΝΗΣΗ των ΜΥΗΜΕΝΩΝ ΦΡΟΝΤΙΣΤΕ.

42. ΑΦΘΟΝΙΑ ΑΙΩΝΙΑ στους ΜΥΗΜΕΝΟΥΣ

43. Με ΜΟΥΣΙΚΗ γιορτάζουμε σήμερα για να έχουν ΓΕΝΝΑΙΟΔΩΡΙΑ οι ΜΥΗΜΕΝΟΙ

44. ΓΕΝΝΑΙΟΔΩΡΙΑ στην ΑΦΘΟΝΙΑ και ΑΝΑΓΕΝΝΗΣΗ στους ΜΥΗΜΕΝΟΥΣ

45. Οι ΑΝΘΡΩΠΟΙ ήρθαν σήμερα και ΘΥΣΙΑ με τον ΙΕΡΟΜΑΝΤΗ έκαναν, για ΠΡΟΣΤΑΣΙΑ

46. Με ΨΑΡΙΑ ήρθαν για να τους ΦΩΤΙΖΕΙ του ΕΞΑΓΝΙΣΜΟΥ το ιερό περιστέρι ΑΙΩΝΙΑ ΜΗΤΕΡΑ των πάντων και ΜΗΤΕΡΑ ΓΗ

47. Οι ΑΝΘΡΩΠΟΙ ήρθαν με ΨΑΡΙΑ και οι ΜΥΗΜΕΝΟΙ μαζί

48. ΗΡΘΑΝ όλοι στους ΔΙΔΥΜΟΥΣ ΛΟΦΟΥΣ στα ανάκτορα του ΒΑΣΙΛΙΑ μας

49. Για Σε ΑΙΩΝΙΑ ΜΗΤΕΡΑ των πάντων, που στον ιερό ΚΟΧΛΙΑ μέσα στα ΛΙΜΝΟΣΠΙΤΑ των ΜΥΗΜΕΝΩΝ κατοικείς

50. Οι ΑΝΘΡΩΠΟΙ που ήρθαν σήμερα ΠΑΤΕΡΑ επουράνιε και οι ΨΑΡΑΔΕΣ μαζί, ΘΥΣΙΑ έκαναν

51. Για ΕΝΕΡΓΕΙΑ, αιώνια ζωή, ΑΝΑΓΕΝΝΗΣΗ, ΟΜΟΟΥΣΙΕ του Πατέρα και ΠΡΟΣΤΑΣΙΑ

52. Και Συ ΑΙΩΝΙΑ ΜΗΤΕΡΑ των πάντων, χάριζε ΕΝΕΡΓΕΙΑ, αιώνια ζωή στα ΛΙΜΝΟΣΠΙΤΑ και ΑΦΘΟΝΙΑ

53. Στους ΨΑΡΑΔΕΣ που στην ΛΙΜΝΗ πλέουν, ΥΓΕΙΑ να δίνεις και από άνωθεν να τους ΦΡΟΝΤΙΖΕΙΣ

54. Να ΟΔΗΓΕΙΣ τους ΑΝΘΡΩΠΟΥΣ που ήρθαν και με ΜΟΥΣΙΚΗ γιορτάζουν, στην ΑΦΘΟΝΙΑ στο ΚΥΝΗΓΙ

55. και στο ψάρεμα. Να ΦΩΤΙΖΕΙΣ τους ΑΝΘΡΩΠΟΥΣ που με ΜΟΥΣΙΚΗ γιορτάζουν.

56. Τις ΠΡΟΣΔΟΚΙΕΣ μας ΟΔΗΓΗΣΕ και ΕΥΛΟΓΗΜΕΝΟ να έχεις τον ΒΑΣΙΛΙΑ μας

57. Ω ΕΠΟΥΡΑΝΙΑ που στον ιερό ΚΟΧΛΙΑ κατοικείς, στα ΛΙΜΝΟΣΠΙΤΑ με τα ΨΑΡΙΑ.

58. ΘΥΣΙΕΣ κάναμε και οι ΨΑΡΑΔΕΣ μαζί, για να έχουμε την ΦΡΟΝΤΙΔΑ σας.

59. Τα ΠΑΙΔΙΑ να έχεις ΕΥΛΟΓΗΜΕΝΑ, ΥΓΕΙΑ να τα χαρίζεις και ΠΡΟΣΤΑΣΙΑ.

60. ΘΕΑ ΤΗΣ ΦΥΣΗΣ, αιώνια Μητέρα των πάντων, για ΑΦΘΟΝΙΑ στους ΑΙΩΝΕΣ ΘΥΣΙΕΣ κάναμε.

61. Για ΑΦΘΟΝΙΑ, ΕΝΕΡΓΕΙΑ, αιώνια ζωή, να ΦΡΟΝΤΙΖΕΤΕ Ω ΕΠΟΥΡΑΝΙΟΙ και ΠΡΟΣΤΑΣΙΑ .

NUMISMATIC INTERPRETATION OF THE HYMN

The timelessness of the symbols on the Disk, is proven by their replacement with homothematic (of the same theme), and thus of the same symbolism, coins of recent antiquity.

ΝΟΜΙΣΜΑΤΙΚΗ ΕΡΜΗΝΕΙΑ ΤΟΥ ΥΜΝΟΥ

Η διαχρονικότητα των συμβόλων του Δίσκου, αποδεικνύεται από την αντικατάσταση αυτών με ομοθεματικά και άρα του ιδίου συμβολισμού, νομίσματα της νεώτερης αρχαιότητας.

1.  ΠΑΤΕΡΑ επουράνιε, (Heavenly FATHER),  προσκυνώ και υμνώ Σε ο ΙΕΡΕΑΣ σου, (I worship and praise You your PRIEST),  Εσένα που κάνεις την γη και ΚΑΡΠΙΖΕΙ. (You, who make the earth BEAR FRUIT).

2.  Δες τους ΑΝΘΡΩΠΟΥΣ που έρχονται σήμερα (Look at the PEOPLE coming today)  και με ΜΟΥΣΙΚΗ θα γιορτάσουν. (and with MUSIC will celebrate).

3.  Και σε υμνώ ΠΟΛΥΜΟΡΦΗ, που όλοι μαζί οι θεοί σε εκφράζουν, (and You I praise POLYMORPHOS who all together the gods express),  που ΥΓΕΙΑ δίνεις (who HEALTH gives)  και την ΦΥΣΗ ορίζεις. (and NATURE commands).  ΘΥΣΙΕΣ θα κάνουμε (SACRIFICES we'll offer)  Ω ΕΠΟΥΡΑΝΙΑ, (O CELESTIAL ONE)  για να έχουμε ΠΡΟΣΤΑΣΙΑ. (to have PROTECTION).

4.  ΠΑΤΕΡΑ επουράνιε, (Heavenly FATHER),  προσκυνώ και υμνώ Σε ο ΙΕΡΕΑΣ σου, (I worship and praise You your PRIEST),  Εσένα που κάνεις την γη και ΚΑΡΠΙΖΕΙ. (You, who make the earth BEAR FRUIT).

5.  Και Σε υμνώ θεά της ΦΥΣΗΣ, αιώνια Μητέρα των πάντων, (and You I praise GODDESS OF NATURE, eternal mother of all),  που από ψηλά μας ΔΙΝΕΙΣ (you who SEND from above)  την ΕΥΛΟΓΙΑ σου. (your BLESSING).

6.  Δείτε τους ΑΝΘΡΩΠΟΥΣ που έρχονται σήμερα (Look at the PEOPLE coming today),  και με ΜΟΥΣΙΚΗ θα γιορτάσουν. (and with MUSIC will celebrate).  Ω ΕΠΟΥΡΑΝΙΟΙ, (O CELESTIAL ONES),  Την ΠΡΟΣΤΑΣΙΑ Σας επιζητούν. (they seek your PROTECTION).

7.  Ω ΕΠΟΥΡΑΝΙΟΙ (O CELESTIAL ONES)  και Συ ΟΜΟΟΥΣΙΕ του Πατέρα, (and You CONSUBSTANTIAL with the Father),  αλλά και Συ ΑΕΤΟΦΟΡΕ. (and You EAGLE-BEARER).

8.  ΔΩΣΤΕ (GIVE)  στους ΑΓΡΟΤΕΣ (to τhe FARMERS),  που ΟΔΗΓΟ (who are LED)  την ΜΗΤΕΡΑ ΓΗ έχουν (by MOTHER EARTH). **9.**  ΘΥΣΙΑΖΟΥΜΕ σήμερα, (we SACRIFICE today),  με ΟΔΗΓΟ (with GUIDE)  του εξαγνισμού το ιερό ΠΕΡΙΣΤΕΡΙ, (the PURIFICATION holy pigeon)  στους ΔΙΔΥΜΟΥΣ ΛΟΦΟΥΣ. (at the TWIN HILLS). 

ΘΥΣΙΑ κάνουμε (We SACRIFICE)  Ω ΕΠΟΥΡΑΝΙΟΙ, (O CELESTIAL ONES)  για ΠΡΟΣΤΑΣΙΑ. (for PROTECTION).

10.  Σε Σε ΟΜΟΟΥΣΙΕ (To You CONSUBSTANTIAL)  και σε Σε ΑΕΤΟΦΟΡΕ, (and to You EAGLE-BEARER),  Ω ΕΠΟΥΡΑΝΙΟΙ, (O CELESTIAL ONES)  για να έχουμε ΠΡΟΣΤΑΣΙΑ. (to have PROTECTION).

11.  Οι ΑΝΘΡΩΠΟΙ έρχονται σήμερα, (PEOPLE come today),  ΙΕΡΟΤΕΛΕΣΤΙΕΣ να κάνουν. (to perform HOLY RITES).

12. Για να ΣΤΕΛΝΕΤΕ (So that You SEND)  την ΕΥΛΟΓΙΑ (the BLESSING)  στα ΣΠΑΡΤΑ της γης (to the FRUITS of the earth)  και στους ΨΑΡΑΔΕΣ, (and to the FISHERMEN)  που κι αυτοί ΘΥΣΙΑΖΟΥΝ (who also offer SACRIFICE)  για ΠΡΟΣΤΑΣΙΑ. (for PROTECTION).

13.  Εσύ ΟΜΟΟΥΣΙΕ (You CONSUBSTANTIAL)  και Συ ΑΕΤΟΦΟΡΕ, (and You EAGLE-BEARER)  Ω ΕΠΟΥΡΑΝΙΟΙ, (O CELESTIAL ONES)  ΠΡΟΣΤΑΣΙΑ χαρίστε. (PROTECTION grant).

14.  ΕΥΛΟΓΙΑ (BLESSING)  στα ΨΑΡΙΑ. (to the FISH).

15.  ΠΟΛΥΜΟΡΦΗ (POLYMORPHOS ONE),  που ΥΓΕΙΑ δίνεις (who gives HEALTH)  και την ΦΥΣΗ ορίζεις. (and NATURE command).  Ταύρους ΘΥΣΙΑΖΟΥΜΕ (we SACRIFICE bulls)  Ω ΕΠΟΥΡΑΝΙΑ, (O CELESTIAL ONE)  για να έχουμε ΠΡΟΣΤΑΣΙΑ. (to have PROTECTION). **16.**  Και Συ ΟΜΟΟΥΣΙΕ (And You CONSUBSTANTIAL)  και Συ ΑΕΤΟΦΟΡΕ, (and You EAGLE-BEARER),  Ω ΕΠΟΥΡΑΝΙΟΙ (O CELESTIAL ONES)  ΠΡΟΣΤΑΤΕΨΤΕ μας. (PROTECT us).

17.  Οι ΑΝΘΡΩΠΟΙ έρχονται σήμερα (PEOPLE come today)  και ΙΕΡΟΤΕΛΕΣΤΙΕΣ κάνουν. (and HOLY RITES perform).

18.  Για να ΣΤΕΛΝΕΤΕ (so You SEND)  την ΕΥΛΟΓΙΑ (the BLESSING)  στα ΣΠΑΡΤΑ της γης (to the FRUITS of the earth)  και στους ΨΑΡΑΔΕΣ. (and to the FISHERMEN)

 που κι αυτοί ΘΥΣΙΑΖΟΥΝ (who also offer SACRIFICE)  για ΠΡΟΣΤΑΣΙΑ. (for PROTECTION).

19.  Τα ΚΑΡΑΒΙΑ όταν ανοίγονται στις θάλασσες, (The SHIPS, when they sail in the seas),  να τα ΦΩΤΙΖΕΙΣ στην ρότα τους (SHED LIGHT on their course).

20.  ΠΑΤΕΡΑ επουράνιε, (heavenly FATHER),  που ΕΥΛΟΓΕΙΣ (You who BLESS)  του ΕΞΑΓΝΙΣΜΟΥ το ιερό ΠΕΡΙΣΤΕΡΙ (the PURIFICATION holy pigeon)  Ω ΕΠΟΥΡΑΝΙΕ, (O CELESTIAL ONE),  ΠΡΟΣΤΑΤΕΥΕ μας. (PROTECT us).

21.  Χάριζε ΑΦΘΟΝΙΑ, (give ABUNDANCE),  ΕΝΕΡΓΕΙΑ, αιώνια ζωή (ENERGY, eternal life)  και ΕΥΔΑΙΜΟΝΙΑ (and BLISS)  στους ΑΝΘΡΩΠΟΥΣ που ήρθαν. (to the PEOPLE who came).

22.  ΘΕΑ ΤΗΣ ΦΥΣΗΣ αιώνια Μητέρα των πάντων, (GODDESS OF NATURE, eternal mother of all),  ΔΩΣΕ (GRANT)  στην ΕΥΔΑΙΜΟΝΙΑ να φτάσουν. (that they reach BLISS).  Ω ΕΠΟΥΡΑΝΙΑ (O CELESTIAL ONE)

 που ΠΡΟΣΤΑΣΙΑ χαρίζεις. (who give PROTECTION).

23.  Θεά της ΦΥΣΗΣ αιώνια Μητέρα των πάντων, (GODDESS OF NATURE, eternal mother of all),  Εσύ ΟΜΟΟΥΣΙΕ του Πατέρα (You CONSUBSTANTIAL)  και Συ ΑΕΤΟΦΟΡΕ. (and You, EAGLE-BEARER).

24.  ΔΩΣΤΕ εσείς, (GIVE),  που ΟΔΗΓΕΙΤΕ (who LEAD)  Την ΜΗΤΕΡΑ ΓΗ, (MOTHER EARTH),  Ω ΕΠΟΥΡΑΝΙΟΙ (O CELESTIAL ONES)  ΠΡΟΣΤΑΣΙΑ. (PROTECTION).

25.  Για να έχουμε ΓΕΝΝΑΙΟΔΩΡΙΑ, (For GENEROSITY),  στον ΙΕΡΟ ΤΟΠΟ (we at the HOLY SITE)  ΘΥΣΙΑΖΟΥΜΕ. (offer SACRIFICE).

26.  Ω ΕΠΟΥΡΑΝΙΟΙ, (O CELESTIAL ONES),  για ΑΦΘΟΝΙΑ (for ABUNDANCE)  ΑΙΩΝΙΑ(ETERNAL)  ΘΥΣΙΑΖΟΥΜΕ. (we SACRIFICE)

27.  Με ΨΑΡΙΑ, (with FISH),  για ΕΝΕΡΓΕΙΑ και γονιμότητα (for ENERGY and fertility)  στις ΓΥΝΑΙΚΕΣ, (to the WOMEN),

 Ω ΕΠΟΥΡΑΝΙΟΙ (O CELESTIAL ONES)  που ΠΡΟΣΤΑΣΙΑ χαρίζετε. (who grant PROTECTION).

28.  Και η ΙΕΡΕΙΑ ΜΕΛΙΣΣΑ εδώ, (and the HONEYBEE PRIESTESS here),  με όλους τους ΜΥΗΜΕΝΟΥΣ. (with all the INITIATES).

29.  ΑΦΘΟΝΙΑ (ABUNDANCE)  ΑΙΩΝΙΑ (ETERNAL)  στους ΜΥΗΜΕΝΟΥΣ. (to the INITIATES).

30.  Ω ΕΠΟΥΡΑΝΙΟΙ, (O CELESTIAL ONES),  ΕΝΕΡΓΕΙΑ και αιώνια ζωή (ENERGY and eternal life)  στα ΛΙΜΝΟΣΠΙΤΑ. (to the LAKEHOUSES).

31.  ΟΔΗΓΕΙΣΤΕ (LEAD)  τους ΑΝΘΡΩΠΟΥΣ που έρχονται σήμερα (the PEOPLE who come today)  και με ΜΟΥΣΙΚΗ γιορτάζουν. (and with MUSIC celebrate).  Ω ΕΠΟΥΡΑΝΙΟΙ, (O CELESTIAL ONES)  ΠΡΟΣΤΑΣΙΑ να τους χαρίζετε (PROTECTION grant them).

32.  ΑΦΘΟΝΙΑ (ABUNDANCE)  ΑΙΩΝΙΑ (ETERNAL)

33.  στους ΨΑΡΑΔΕΣ.(to the FISHERMEN).  ΕΥΛΟΓΙΑ (BLESSING)  στην ΙΕΡΕΙΑ ΜΕΛΙΣΣΑ (to the HONEYBEE PRIESTESS)  και όλους τους ΜΥΗΜΕΝΟΥΣ. (and all the INITIATES).

34.  ΑΦΘΟΝΙΑ, (ABUNDANCE),  ΕΥΛΟΓΙΑ χάριζε (BLESSING give)  ΘΕΑ ΦΥΣΗ (GODDESS NATURE)  και Συ ΜΗΤΕΡΑ ΓΗ, (and You MOTHER EARTH),  όπως και ΠΡΟΣΤΑΣΙΑ. (as well as PROTECTION).

35.  Στην ΑΦΘΟΝΙΑ (to ABUNDANCE)  ΟΔΗΓΕΙΣΤΕ (LEAD)  και ΦΩΤΙΣΤΕ (and SHED LIGHT)  τα ΚΑΡΝΕΙΑ (on the KARNEAN FEAST)  του ΙΕΡΟΜΑΝΤΗ. (of the HOLY SEER).

36. ΓΕΝΝΑΙΟΔΩΡΙΑ (GENEROSITY)  στην ΑΦΘΟΝΙΑ (in ABUNDANCE)  και για την ΑΝΑΓΕΝΝΗΣΗ (and for the REBIRTH)  των ΜΥΗΜΕΝΩΝ (of the INITIATES)  ΦΡΟΝΤΙΣΤΕ. (take CARE).

37. Στα ΛΙΜΝΟΣΠΙΤΑ (to the LAKEHOUSES)  να ΟΔΗΓΕΙΤΕ (LEAD)  την ΕΥΛΟΓΙΑ (the BLESSING)  και την ΑΦΘΟΝΙΑ. (and ABUNDANCE).

38.  ΑΦΘΟΝΙΑ (ABUNDANCE)  ΑΙΩΝΙΑ (ETERNAL)  ΑΦΘΟΝΙΑ. (ABUNDANCE)

39.  ΘΕΑ ΤΗΣ ΦΥΣΗΣ αιώνια Μητέρα των πάντων, (GODDESS OF NATURE, eternal mother of all),  ΟΔΗΓΗΣΕ μας (LEAD us)  στην ΑΦΘΟΝΙΑ. (to ABUNDANCE).

40.  Τους ΨΑΡΑΔΕΣ. (the FISHERMEN)  να έχεις ΕΥΛΟΓΗΜΕΝΟΥΣ, (BLESS),  που με την ΙΕΡΕΙΑ ΜΕΛΙΣΣΑ (who with the HONEYBEE PRIESTESS)  ΘΥΣΙΑΖΟΥΝ. (offer SACRIFICE).

41. ΓΕΝΝΑΙΟΔΩΡΙΑ (GENEROSITY)  στην ΑΦΘΟΝΙΑ (in ABUNDANCE)  και για την ΑΝΑΓΕΝΝΗΣΗ (and for the REBIRTH)  των ΜΥΗΜΕΝΩΝ (of the INITIATES)  ΦΡΟΝΤΙΣΤΕ. (take CARE).

42. ΑΦΘΟΝΙΑ (ABUNDANCE)  ΑΙΩΝΙΑ (ETERNAL)  στους ΜΥΗΜΕΝΟΥΣ. (to the INITIATES).

43. Με ΜΟΥΣΙΚΗ γιορτάζουμε σήμερα,(With MUSIC we celebrate today).  για να έχουν ΓΕΝΝΑΙΟΔΩΡΙΑ (so they have GENEROSITY)  οι ΜΥΗΜΕΝΟΙ. (the INITIATES).

44. ΓΕΝΝΑΙΟΔΩΡΙΑ (GENEROSITY)  στην ΑΦΘΟΝΙΑ (in ABUNDANCE)  και ΑΝΑΓΕΝΝΗΣΗ (and REBIRTH)  στους ΜΥΗΜΕΝΟΥΣ. (to the INITIATES).

45. Οι ΑΝΘΡΩΠΟΙ ήρθαν σήμερα (PEOPLE came today)  και ΘΥΣΙΑ (and offered SACRIFICE)  με τον ΙΕΡΟΜΑΝΤΗ έκαναν, (with the HOLY SEER),  για ΠΡΟΣΤΑΣΙΑ. (for PROTECTION).

46.  Με ΨΑΡΙΑ ήρθαν, (With FISH they came),  για να τους ΦΩΤΙΖΕΙ (so it SHEDS LIGHT on them)  του ΕΞΑΓΝΙΣΜΟΥ το ιερό περιστέρι, (the PURIFICATION holy pigeon),  ΑΙΩΝΙΑ ΜΗΤΕΡΑ των πάντων (ETERNAL MOTHER of all)  και ΜΗΤΕΡΑ ΓΗ. (and MOTHER EARTH).

47.  Οι ΑΝΘΡΩΠΟΙ ήρθαν σήμερα (PEOPLE came today)  με ΨΑΡΙΑ (with FISH)  και οι ΜΥΗΜΕΝΟΙ μαζί. (and the INITIATES together).

48.  ΗΡΘΑΝ όλοι (All CAME) 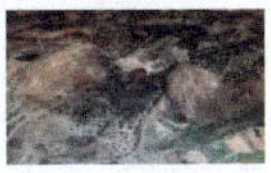 στους ΔΙΔΥΜΟΥΣ ΛΟΦΟΥΣ στα ανάκτορα (to the TWIN HILLS at the palace)  του ΒΑΣΙΛΙΑ μας. (of our KING).

49.  Για Σε ΑΙΩΝΙΑ ΜΗΤΕΡΑ των πάντων, (For You ETERNAL MOTHER of all),  που στον ιερό ΚΟΧΛΙΑ (who in the holy COCHLEA)  μέσα στα ΛΙΜΝΟΣΠΙΤΑ (in the LAKEHOUSES)  των ΜΥΗΜΕΝΩΝ κατοικείς. (of the INITIATES reside).

50.  Οι ΑΝΘΡΩΠΟΙ που ήρθαν σήμερα (The PEOPLE who came today)  ΠΑΤΕΡΑ επουράνιε (FATHER heavenly)  και οι ΨΑΡΑΔΕΣ μαζί, (and the FISHERMEN together),  ΘΥΣΙΑ έκαναν. (offered SACRIFICE).

51.  Για ΕΝΕΡΓΕΙΑ, αιώνια ζωή (For ENERGY, eternal life)  και ΑΝΑΓΕΝΝΗΣΗ, (and REBIRTH),  ΟΜΟΟΥΣΙΕ του Πατέρα (CONSUBSTANTIAL to the Father)  και ΠΡΟΣΤΑΣΙΑ. (and PROTECTION).

52.  Και Συ ΑΙΩΝΙΑ ΜΗΤΕΡΑ των πάντων, (And You ETERNAL MOTHER of all).  χάριζε ΕΝΕΡΓΕΙΑ, αιώνια ζωή (grant ENERGY, eternal life)  στα ΛΙΜΝΟΣΠΙΤΑ (to the LAKEHOUSES)  και ΑΦΘΟΝΙΑ. (and ABUNDANCE).

53.  Στους ΨΑΡΑΔΕΣ (To the FISHERMEN)  που στην ΛΙΜΝΗ πλέουν, (who on the LAKE float),  ΥΓΕΙΑ να δίνεις (give HEALTH)  και από άνωθεν να τους ΦΡΟΝΤΙΖΕΙΣ. (and from above take CARE).

54.  Να ΟΔΗΓΕΙΣ (LEAD)  τους ΑΝΘΡΩΠΟΥΣ που ήρθαν (the PEOPLE who came)  και με ΜΟΥΣΙΚΗ γιορτάζουν, (and with MUSIC celebrate),  σε ΑΦΘΟΝΙΑ (to ABUNDANCE)  στο ΚΥΝΗΓΙ. (in their HUNT).

55.  και στο ΨΑΡΕΜΑ. (and FISHING)  Να ΦΩΤΙΖΕΙΣ, (Shed LIGHT),  τους ΑΝΘΡΩΠΟΥΣ που ήρθαν (the PEOPLE who came)  και με ΜΟΥΣΙΚΗ γιορτάζουν. (and with MUSIC celebrate).

56.  Τις ΠΡΟΣΔΟΚΙΕΣ μας (Our EXPECTATIONS)  ΟΔΗΓΗΣΕ (LEAD)  και ΕΥΛΟΓΗΜΕΝΟ να έχεις (and BLESS)  το ΒΑΣΙΛΙΑ μας. (our KING).

57.  Ω ΕΠΟΥΡΑΝΙΑ (O CELESTIAL ONE)  που στον ιερό ΚΟΧΛΙΑ κατοικείς, (who reside in the holy COCHLEA),  στα ΛΙΜΝΟΣΠΙΤΑ (in the LAKEHOUSES)  με τα ΨΑΡΙΑ. (with the FISH).

58.  ΘΥΣΙΕΣ κάναμε (We offered SACRIFICE)  και οι ΨΑΡΑΔΕΣ μαζί, (and the FISHERMEN together),  για να έχουμε την ΦΡΟΝΤΙΔΑ σας. (so we have your CARE).

59. Τα ΠΑΙΔΙΑ (The CHILDREN)  να έχεις ΕΥΛΟΓΗΜΕΝΑ, (keep BLESSED),  ΥΓΕΙΑ να τα χαρίζεις (grant them HEALTH),  και ΠΡΟΣΤΑΣΙΑ. (and PROTECTION).

60.  ΘΕΑ ΤΗΣ ΦΥΣΗΣ αιώνια Μητέρα των πάντων, (GODDESS OF NATURE, eternal mother of all),  για ΑΦΘΟΝΙΑ (for ABUNDANCE)  στους ΑΙΩΝΕΣ, (ETERNAL),  ΘΥΣΙΕΣ κάναμε. (we offered SACRIFICES).

61.  Για ΑΦΘΟΝΙΑ, (For ABUNDANCE),  ΕΝΕΡΓΕΙΑ, αιώνια ζωή, (ENERGY, eternal life),  να ΦΡΟΝΤΙΖΕΤΕ (CARE for)  Ω ΕΠΟΥΡΑΝΙΟΙ (O CELESTIAL ONES)  και ΠΡΟΣΤΑΣΙΑ. (and PROTECTION).

ΠΡΟΣΕΧΩΣ (Απρίλιος 2025)

Ο ΤΑΦΟΣ ΤΟΥ ΑΛΕΞΑΝΔΡΟΥ

Ξεκινώντας την συγγραφή αυτού του βιβλίου και 11 χρόνια μετά, φαντάζει ακόμα αδιανόητο το συμβάν που έλαβε χώρα στην ΑΜΦΙΠΟΛΗ της ΜΑΚΕΔΟΝΙΑΣ το 2014! Το ιερό δισκοπότηρο της αρχαιολογίας, ο άφαντος τάφος του ΜΕΓΑΛΟΥ ΑΛΕΞΑΝΔΡΟΥ, ανακαλύφθηκε και μάλιστα ασύλητος! Θα περίμενε κάθε υγιώς σκεπτόμενος άνθρωπος, να ξεσπάσει ένα ντελίριο ενθουσιασμού σε όλο τον πλανήτη! Όμως το γεγονός αποσιωπήθηκε και εκεί που θα γινόταν τόπος παγκόσμιου προσκυνήματος, έγινε τόπος εγκλήματος από κρατική αρχαιοκαπηλία! ΝΑΙ, η κυβέρνηση τότε, όπως με κάθε λεπτομέρεια θα αναφερθούμε, προχώρησε στο αδιανόητο!

Στην ίδια ανασκαφή, αποκαλύφθηκε και ο πραγματικός τάφος προσκύνημα του ΦΙΛΙΠΠΟΥ, πατέρα του ΑΛΕΞΑΝΔΡΟΥ, που είχε την ίδια τύχη! Υποτίθεται ότι αυτός είναι θαμμένος στη Βεργίνα και προκειμένου να μην αποκαλυφθεί η απάτη που μεθοδεύτηκε το 1977, ληστεύτηκε κι αυτός! Μη περιμένοντας οι ανασκαφείς να συναντήσουν τέτοιου μεγέθους ευρήματα και κάτω από το καθεστώς του απόλυτου αιφνιδιασμού που δέχτηκαν, τα έκαναν ¨θάλασσα¨! Δεν θα τολμούσαν βέβαια να επιχειρήσουν την αρχαιοκαπηλία, αν δεν είχαν την κρατική στήριξη.........

Τα νομίσματα θα ξετυλίξουν την πραγματική ιστορία, αποδεδειγμένη από τους ίδιους τους αρχαίους! Ξεπηδούν αυτά από τα χωράφια, λειτουργούν ως συγκοινωνούντα δοχεία γνώσης και είναι αδύνατον να τα σταματήσει κάποιος! Αντίθετα με τις γραπτές πηγές, που μπορούν και χειραγωγούνται δια αφαιρέσεων και προσθηκών! Θα τα ακολουθήσουμε σε ένα οδοιπορικό που θα εκπλήξει, μια και κανένας μας δεν διδάχθηκε ΑΛΗΘΙΝΗ ιστορία........

COMING SOON (April of 2025)

THE TOMB OF ALEXANDER

Starting the writing of this book and 11 years later, it still seems inconceivable the event that took place at Amphipolis of Macedonia in 2014! The holy grail of archaeology, the vanished tomb of ALEXANDER THE GREAT, was discovered and in fact unplundered! Any sane person would have expected a delirium of enthusiasm to have taken place in the entire planet! Instead, the event was hushed and where it should have been a place of global worship, it became instead a site of crime by a state backed antiquities smuggling! YES, the then government, as we will relate in every minute detail, committed the inconceivable!

In the same excavation, was also revealed the true tomb-pilgrimage site of PHILIP, father of ALEXANDER, who shared the same fate! Supposedly, he (Philip) is buried at Vergina and in an effort to conceal the fraud that was set up in 1977, this tomb (at Amphipolis) was also looted! Not expecting to come across findings of such magnitude and importance, the excavators in a state of absolute surprise, committed a "blunder"! Of course they would never had dared commit this looting without state support.....

The coins will reveal the true history, proven through the ancients themselves! They (the coins) jump out of the fields like communicating pots of knowledge and it is impossible for someone to stop them! Contrary to the written sources that can be manipulated through additions and removals! We will follow them (the coins) in a trip that will surprise, since none of us was ever taught TRUE history....

Η ΣΥΜΦΩΝΙΑ: Ο θάνατος του Αλεξάνδρου και η συμφωνία που έκλεισε η Ολυμπιάδα με τον Πτολεμαίο, την εξανάγκασε να σφραγίσει το ΤΗΜΕΝΙΔΩΝ ΙΕΡΟ, αφού προηγουμένως τον έθαβε μέσα! Έτσι θα διαφύλατταν τη μυστική συμφωνία, να πάρει η Ολυμπιάδα το γιό της και ο Πτολεμαίος να παρίστανε ωσάν να τον είχε! Η συμφωνία τηρήθηκε στο ακέραιο και για πάνω από πέντε αιώνες, πλην φημών για το αντίθετο, η αλήθεια έμεινε κρυφή..................

Και τότε συνέβη κάτι παράξενο και συνταρακτικό στη Μακεδονία, κάτι που δεν είχε προηγούμενο! Η ΑΜΦΙΠΟΛΗ κατ εντολή του ΚΑΡΑΚΑΛΛΑ (193 – 211 μΧ.), έπαψε να είναι αυτοκρατορικό νομισματοκοπείο και επιδόθηκε σε κοπή αυτόνομων νομισμάτων με την κεφαλή του ΑΛΕΞΑΝΔΡΟΥ! Θα μπορούσε να ήταν αυτό μια ιδιοτροπία που εκδήλωσε ο Καρακάλλας, αφού σε όλους ήταν γνωστή η λατρεία του για τον ΑΛΕΞΑΝΔΡΟ! Όμως και οι μεταγενέστεροι αυτοκράτορες έως τον Φίλιππο τον Άραβα (244 – 249 μΧ.), έκαναν το ίδιο! 50 ολόκληρα χρόνια έκοβε η Αμφίπολη αυτά τα νομίσματα, που αποτέλεσμα είχε να παραχθούν τεράστιες ποσότητες.............

Γιατί άραγε το έκανε αυτό η ΑΜΦΙΠΟΛΗ και μάλιστα στα καλά καθούμενα; Η ενημέρωση στην Αλεξάνδρεια που δόθηκε στον ΚΑΡΑΚΑΛΛΑ, ήταν ότι εκεί υπήρχε το ιερό της δυναστείας του ΑΛΕΞΑΝΔΡΟΥ και ότι ο ίδιος ήταν θαμμένος μέσα! Θεώρησε λοιπόν ότι το ελάχιστο που μπορούσε να κάνει, ήταν να διατάξει την έκδοση των αυτόνομων νομισμάτων! Ακόμα ξαναέδωσε χαμένα προνόμια στην ΑΜΦΙΠΟΛΗ, αντιμετωπίζοντας έτσι την δυσαρέσκεια των Θεσσαλονικέων!

THE agreement: The death of Alexander and the agreement that Olympias concluded with Ptolemy, forced her to seal the TIMENIDS' SHRINE, having prior buried him inside! This way they would keep their secret agreement that provided for Olympias to take her son and for Ptolemy to pretend as if he had him (Alexander)! The agreement was followed to the letter and for over five centuries, except for some rumors to the contrary, the truth remained hidden.....

And then something strange and shocking took place in Macedonia, something unprecedented! AMPHIPOLIS, after the direct order of emperor Caracalla (193-211 A.D.) ceased to be the imperial mint and started issuing autonomous coins with the head of ALEXANDER! This turn could be attributed to a whim by Caracalla, since it was known to all his worship for ALEXANDER! However, even later emperors down to emperor Philip the Arab (244-249 A. D.) did the same! For 50 whole years Amphipolis continued minting these coins, which resulted in enormous quantities produced....

Why did AMPHIPOLIS did this out of nowhere? The update given to Caracalla at Alexandria, was that there (at Amphipolis) existed the shrine of the dynasty of ALEXANDER and that he himself was buried inside! He thought that the least he could do was to order the minting of those autonomous coins! Furthermore, he gave back lost privileges to AMPHIPOLIS, thus facing the displeasure of the Thessaloniceans!

Made in the USA
Las Vegas, NV
03 November 2026

57424361R00077